丹下健三

建築と都市

デザインおぼえがき　復刻版

TANGE

彰国社

装丁◆工藤強勝＋原田和大（デザイン実験室）

復刻に寄せて

父、丹下健三の旧著である『人間と建築』『建築と都市』の初版が出版されてから四〇年以上の歳月が流れました。そのような長い時間を経て、また経済的にも社会的にも時代背景の異なる現代において、本書が必要とされ、復刻されることとなり、息子として素直に嬉しく思います。

父が国内で大規模プロジェクトを次々と手がけた一九五〇年代から七〇年代は、日本が戦後の復興から高度経済成長期へと突入していった、たいへん勢いのある時代でした。数々の国家的プロジェクトが進められたその時代に活躍することのできた父を、現在、同じ建築業界に身を置くものとして、少し羨ましく思うところもあります。

しかし復刻にあたって、二冊を読み返しあらためて感じたことは、「丹下哲学」ともいうべき、父が築き私どもがいまも中心に据えている建築哲学は、そのころからあまり変わりがないということでした。もちろん、時代に合わせて進化、発展した考え方もありますが、根本的な部分ではあまり変わっていません。

本書に「一九六〇年代は、私の関心はより文明史的な、あるいは未来学的な立場に立って、機能主義から構造主義へ、そうしてまた建築から都市への方向に向けられてきた」とありますが、おそらく父は、日本の建築家の中で、はじめて都市というものに向き合い、それを建築と同じ位相で考えた人ではないでしょうか。高度経済成長期にあった一九六一年に発表された「東京計画一九六〇」の中で、父は、都市の本質をネットワークとコミュニケーションにあるとし、その中心に「人」を据えました。「人」が移動するための交通システムであり、「人」がコミュニケーションをとるための場、それらが計画の基本にあったといえます。父はまた、情報化社会において大切なことは、人がコミュニケーションをとり、アイデアを交換しあう自由な環境を創造することだ、と話していました。それが、未来に向けてすべての都市が選択すべき道である、と。

工業化社会から情報化社会に転換するとき、そこには「社会」という大きな共通項がありました。しかし現代は「社会」よりも「個」が尊重される時代であるといえます。私も、「人」を大切にした父の発想を受け継ぎ、個人がより快適に過ごせる空間、一人ひとりが心地よいと感じる空間づくりを設計の基本とし、父が歩んだ道をこれからも習い進んでいきたいと思います。

末筆ながら、本書の復刊にあたって種々ご尽力いただきました関係者の皆様に、深く感謝申し上げます。

二〇一一年九月一日

株式会社　丹下都市建築設計　代表取締役社長

丹下憲孝

建築と都市

デザインおぼえがき

丹下健三

序

この小冊子は、私が折にふれて発表してきた文章を多少整理しなおして、まとめたものである。ふりかえってみると、私の考えかたやその対象とするところは、大きく一九六〇年前後を境にして変わってきているように思える。一九四〇年代、一九五〇年代、私は機能主義の立場に立ちながらも、現実と伝統といったものを見つめることによって、それを乗りこえようとしていたといってよい。

しかし一九六〇年代は、私の関心はより文明史的な、あるいは未来学的な立場に立って、機能主義から構造主義へ、そうしてまた建築から都市への方向に向けられてきた。

東京計画―一九六〇とか、一九六五年の日本列島の将来像――東海道メガロポリスの形成は、その一つの現われであるが――これらについて詳しくは講談社現代新書『日本列島の将来像』を参照されたい――、またプロジェクトとしても、アーバン‐デザインの領域のものの比重が多くなっているが、しかし、こうした問題意識の変化は、個々の建築デザインにも、またその方法論にも現われている。

この小冊子はこうした経過を反映するよう、ほぼ年代的に分類されていて、『人間と建築』には前半の時期のものが、そして『建築と都市』には後半の時期のものがまとめられている。

彰国社の方々のご親切なおすすめがなければ、こうした本として出版されるなどということは起こらなかっただろう。それにつけても、出版にあたってのわずらわしい整理や編集の仕事を引き受けてくださった彰国社の山本泰四郎さんに、心からの感謝を申しあげたい。

一九七〇年四月六日

丹下健三

目次

凡例
■文中Ⅰ—①からⅠ—⑯は、『人間と建築——デザインおぼえがき』巻末の写真番号を示す
■文中Ⅱ—①からⅡ—㉖は、本書巻末の写真番号を示す

I

内部機能と外部機能

1　私的空間と社会的空間

内部機能と外部機能

現実のなかには、私的＝経済的立場と、公共的＝社会的立場とが抵抗しあいながら交錯している。建築について考えるときにも、内部機能と外部機能とでも呼びたいものを認めないわけにはゆかない。

そうして内部機能のなかに私的なもの、あるいは私企業的立場から求められる機能を考えて、外部機能を社会的立場から求められる機能と考え、こうした概念をつかいたいと思う。私たちが、いままで「建築には都市計画の立場が内在しなければならない」といっていた意味は、この二つの立場の統一をいっていたのである。またこうした機能に対応する空間はそれぞれ私的空間と社会的空間、とよんでよいだろうし、また内部空間と外部空間といってもよいだろう。

一般には、この外部機能は、オーナー側から建築家に直接要求されることはない。ほとんどの場合、内部機能だけが建築家に要求され、外部機能は潜在的なかたちでしか、要求されないものである。それだけに素朴な機能主義の立場は、内部機能だけを最大限に充足させれば足りると考えていた。

たとえばピロティのようなものは、内部機能の充足、あるいは私的経済的立場からは不経済のものである。そういう意味で、私たちは、若い学生から、ピロティとかコロネードがいかに機能主義に反するものであるかを批難の目をもってただされたことがしばしばあった。こういう私的経済的機能主義が、かなり広い層に存在しているという事実は否定できないだろう。

しかし、ピロティやコロネードは、内部機能と外部機能とをつなぐものとして意味をもっているのである。それらは機能要素を構造的に関連づける構造概念であって、機能概念として捉えることのできないものであるともいえるだろう。

ピロティ

私たちはいままでの設計を通じて、ピロティ、あるいはコロネードなど、内部空間と外部空間とをつなぐものを、検証してきた。

広島平和会館 ①-①② は、私たちの設計にかかるはじめての実現であり、またピロティや、コロネードの最初の例でもあった。この位置は広島市の中央を東西に走る一〇〇メートル幅のブルバード——これはまだ都市計画の地図の上にしか存在していなかったものであるが——を底辺として、東西双方を走る二つの川にはさまれた三角形をしたデルタである。ここはもと広島の発祥の地であり、戦前は、広島の都心をなしていたところである。

私たちの計画は、この一〇〇メートル道路を基本とし、建物の三つの要素はそれと並行におかれている。この一〇〇メートル道路から、中央の建物である陳列館のピロティをはいってゆくと、そこには数万人をいれる広場があり、その焦点となる位置に、慰霊碑がたっている。さらにその軸線は、破壊されたドームの遺跡をのぞんでいる、といったものである。

陳列館はピロティのうえにのっかっている。このピロティは、まず一〇〇メートル道路から数万人を広島へ導く門として計画されたものであるが、また道路からピロティ、そうして広場と慰霊碑へ、さらにその背後のドームの遺跡へという軸線をなすヴィスタにとって重要な役割を果たすものとして計画されたのである。

さらにこのピロティ空間は、式典の日の日陰として、また平素の公園利用者の憩いの場所としての意味をもっていた。本館をとりかこむコロネードもまた、広場に集まる群集や日常の公園利用者のためのシェルターともなり、またそれを内部とつなぐ空間でもあった。

これらのピロティや、コロネードは階高六メートル四九八という大きなスケールをもっている。私たちは、これを群集の尺度とも、社会的尺度ともよんでいるが、それは記念式典に集まる数万人の群集を念頭においたためであった。

この建物がその姿をあらわしはじめたころ、人びとにとっては不慣れな、異様なものとして映ったようであった。また一方、こうした直接の使用目的をもたない空間は、いかにも不経済なものとも考えられたようであった。そうした批難を私たちはしばしば耳にした。

しかしこれらが完成して以来、毎年八月六日の原爆投下の記念日には、この広島と慰霊碑を中心として、数万人が全国から集まり、慰霊祭を催すとともに、平和を守る運動の世界的規模の集会がくりひろげられるようになった。

そのようなとき、このピロティや、コロネードは、いかにも生き生きとしたものとして、人びとに映るのであった。こうした典型的状況のもとで、この社会的空間は、それがもっている社会的意味と機能に典型的に対応しているように思われるのである。

こうした内部機能と外部機能の構造的関連の問題は、外務省の競技設計で考察された問題であり、東京都庁舎①-④⑤の設計でさらに発展させられたものである。それは二つの角度をもつものであった。一つには大都市中心部にたつ建築のありかた一般に関連する問題でもあって、とくに、自動車と歩行者の導線の分離という社会的要求からくるものであった。また一つには、シティ－ホールはいかにあるべきかという一般的な問題にかかわるものであって、とくに都民へのサービスの提供という社会的機能や、都民の集まり場所として、一つの物質的、精神的コアを形づくるものであるという社会的意味からくるものであった。

私たちの課題は、これらの社会的機能を満足させ、さらにまた、逆にこうした機能を創りだす空間をどうして求めるかという問題でもあった。

これにたいして、ピロティ空間はすぐれた解決の手だてを私たちに与えるものであった。自動車と歩行者の分離は、ピロティ空間の中二階に歩行者のためのコンコースを設けることによって解決されるだろう。

総合計画案に示されているように、都民のコアとなる広場を中二階コンコースにつなげて設定したことや、都庁当事者と都民とが接触する大ホールを設けていることなどは、第二の問題への解決を示したものであった。

しかし、この都庁舎本館が完成したとき、この中二階コンコースは単なる無用の装飾であるとして批判された。また、比較的広く大きい玄関ホールは、都民ホールとしての意味をもち、それはまた総合計画のシティーホールへとつながってゆくべく計画されたものではあったが、ここも無駄な空間であると批難され、ここを執務空間に転用することが真剣に討議されたほどであった。またこのホールは外のピロティ空間とガラス一枚でつながっていて、いわゆる在来の官庁建築のような、ものものしい玄関構えをもつものとは対照的にできている。完成したとき、都庁舎に玄関がないのはもっての外だという批難までとびだすといった具合であった。

もちろん、私たちの設計が、これらの空間処理にたいして、完全な解決をあたえているとは、いいがたいであろう。しかし、それから数年の歳月がたった今日では、地上階は自動車のサーキュレーションに占有され、中二階コンコースが歩行者のレベルとして使われるようになって、その中二階の有用性がいくらか認められるようになった。また、広すぎると考えられた玄関ホールが、いまでは都民ホールとしての役割をいくらかは果たしつつあるようである。また、いわゆる玄関構えのない官庁建築が普通のことと思われるようになったのもその後のことであった。

清水市庁舎は、私たちとしては東京都庁舎の計画のあとに、設計したものである。これは地方都市の市庁舎のありかたという一般的問題を、私たちになげかけたものであった。全体の設計には意に満たない点を多く残してはいるが、ここで私たちがもっとも意を注いだところは、市庁舎建築にパブリック－スペースを導入してくるということであった。低層部の空間組織は、こうした意図のあらわれであり、またそれは地方都市に立つ在来の市庁舎の型を打ち破るものであったのである。こうしたパブリック－スペースの導入は、その後、日本の市庁舎建築の一般的傾向となったものである。

倉吉市庁舎では、このパブリック－スペースは二層の構成をもつ半戸外のピロティ空間として、また室内のカウンターを前にした広々とした空間として実現している。

こうした社会的空間の機能と意味は、香川県庁舎①-⑥⑦でもっとも判然としたかたちをとって実現している。それについては、香川県庁舎の項でふれることになるであろう。

私たちは、こうした社会的空間の実現として、また内部機能と外部機能の接点として、ピロティの有効性をますます強く実感するようになったといってよいだろう。

私たちが建築の設計に際して、つねに当面する問題は前の個々の例で述べられたような、現代社会とくに現代都市に特徴的な交通の問題である。それは自動車交通の錯綜から建築を確保し、さらにまた建築につながる自動車の機動性と通勤歩行者との導線の処理である。

これらは広島本館における四周からの容易な接近、外務省における自動車交通で攪乱されない前庭と、歩行者と分離された自動車交通広場の設定。都庁における自動車と歩行者の階層による完全な分離などの技術的手段として取り上げられた。これらによって分離された自動車の機動性は歩行者に関係なく、歩行者は自動車交通にさらされることなく、安全にその建築にアプローチすることができる。

このようにピロティのつくる空間の広がりは、建築に接する人間の心を、街路から敷地へ、敷地から建築へと導いてゆく。建築の外部と内部とは浸透し合い、社会的空間の広がりは、私的空間の内部へと導入されてゆく。

このようにして私たちは個々の建築のもつ内部機能、あるいは専用機能をより高度に発展せしめ、かつそのおのおのは地上において、社会的空間の浸透によって、それぞれの建築は社会と構造的に関連づけられてゆくのである。建築と外部空間とのこうした構造的関連の問題は、また、社会の構造そのもののあり方を正しく先取りし、それを空間構造として反映してゆくことなのである。

私たちがいままでに取り組んできた建築は、その多くがピロティによって形づけられる空間を社会的利用に提供してきた。かように私たちが多くの空間をさいたことは、そこに社会的な意味を見るからである。それは、ギリシアのアゴラやローマのフォラムのごとく、あるいは中世都市の広場において見いだされるような人間相互の社会的接触を回復しようとする希望でもある。

私たちが設計のプロセスにおいて時にはそれを意識的に取り扱おうとした一、二階回りの空間は、このような意味で、社会的相互関係の場を提供する。ここで文字を知らぬ中世の民衆にとって、寺院はその聖書であり、僧侶の説教を理解する手段であったという事実を思い起こすことができる。建築は社会に属している人びとの心の底にひそむ思惟や感情を表わしたものということができる。その共感と感動はそれを共同にもつ人びとの心と心を結び付け社会的連帯感を一層強めることになるであろう。

このように私たちは、社会的連帯感を強調する建築的空間を社会的空間とよびたい。それを建築に定着する手段として、尺度としての社会性が考えられる。それを私たちは、人間的尺度に対応して、社会的尺度とよびたいと思う。

過去の歴史の中にも人間を超えた神の尺度があった。それは人びとの共感と感動の尺度でもあった。

このように人間的尺度と社会的尺度の相互浸透は、建築にも一個の生命を与え、そうして、そこから社会的共感と感動を生みだすであろう。

（一九五五年一月）

2　機能要素の構造的関連

東京都庁舎①-④⑤・香川県庁舎①-⑥⑦は、この建物の性質から、それぞれの都市の中心部に建てられている。もし、これらの建設が都心へ集中されることによって、都市の機能が相対的に過剰となり、それを混乱させる方向にあるとするならば、私たちはこれに反対しなければならない。しかし、私たちは、これら一連の建設を、都市の改造あるいは都市の形成の一つの契機としてとらえようとしているのであって、そのために、都市の形成と、個々の建物のもつ単一な機能との関連についての問題意識をもたなければならないと考えている。

社会の諸機能は、その能率の向上を目ざし、生産性を増大させる過程で分化を進行させ、分化された個々の機能は、専用性を高めることによって生産性を上昇させる。しかし、その必然の結果として、分化されたおのおのの機能は、互いに依存し制約しあうことによってのみ本来の活動を可能とし、その依存を全くすることができる。したがって、分化の過程で、このような相互の構造的関連を可能とさせるために、新しい機能をも生み出してゆくのである。このように都市機能の発展は、機能を分化させてはゆくが、同時に、それらを組織化してゆく要因をつくり出してゆくという形成過程として捉えられる。

現代都市は自然生長的な膨張によって多くの混乱をかもし出しているが、同時に地域的な機能分化が、かなり明確な形をとって現われている。これは、都市機能の分化と専用化が、諸施設を、地域的に分化し、集中させていることを示している。しかしその現実は、分化といっても他の機能を排除したものにすぎず、集中も個々の施設の単なる集積に終わっており、分化によって再びそれらを高度な統一体に形成するところまですすんではいない。先に述べたように、機能の分化と、その組織化の過程に発展があるのであるが、現実にはそれは潜在的な力として認められるだけあって、孤立的に集積する諸機能は、相互のつながりをこばみ、この発展の力を現実化することができない。このような集積と排除による膨張はいたずらに都市を水平に拡大し、機能の発展を阻止し、都市の混乱と市民生活の分裂の原因をつくる。ここに現代都市が自らの発展を、自然生長的な膨張としてのみしか表現しえない原因があるのである。

私たちは都市発展のなかに可能性として存在しているものを現実化するために、個々の機能を、それらが有機的に関連しあう構造のうちに位置づけることが必要である。私たちは、専用性を高めるために孤立性・排他性に陥ってはならない。個々の機能の専用性は他のそれとの相違を特徴づけるだけではなく、他の機能とどのような構造的関連にあるかを特徴づけるものでなくてはならない。相互の関連の中でのみ、個々の機能の存在と将来の発展が約束されるものであり、総体としての都市の成長も可能とされるからである。

都市形成と機能分化との関連をこのように理解することは、個々の建築を都市改造、または都市形成の一環として把握することである。私たちは計画にあたって専用性を高めるために、機能要素と都市との相互の構造的関連を可能にするための要素――これは、すでに機能概念というよりは、構造概念として把えるべきものであるかもしれない。つまり個々の機能要素を関連づけ、あるいは構造づけてゆくはたらきを行なう要素である――を考えている。しかし、このような機能要素は現実に実在するものとしてではなく、可能性として、または芽ばえとして存在するのみであり、個々の機能要素と、それが立地する条件としての都市の現状との対応のなかに、その具体的内容を見いだしうるものである。したがってそれを実現する空間は、相互関連を直接的にになう交通や設備動脈そのものであったり、その交通・動脈を個々の機能要素、つまり個々の建築につなぐコアーシステムとなったり、あるいは広場や、前庭やコロネード、あるいはピロティとして、私的空間と社会的空間、あるいは内部機能と外部機能をつなぐものをかたちづくるのである。ともあれこれら相互の関連を可能とさせるために生まれた機能要素と、個々の機能要素、および総体としての都市との、三者の構造的関連の具体的形態は、個々の建築の内容とその立地の条件によって異なるものである。ピロティの内包する空間は、このようにしてその形態の骨子を決定したものである。また、ピロティとその上部に架構された専用空間という建築構成は、都心部に建つ建築と都市との構造的な関連のなかで把えられたものである、ということができる。

現代都市の現実として、一方に混乱と停滞を、一方に組織化と発展の方向を見たのであるが、地域的分化といい、集中といい、これらの現象は社会機能のにない手としての個々の企業体、諸個人の個々の目的的行動を通し、多くの偶然的要素を含みながら現われているのである。また自己の利益に対しては忠実であるが、社会の利益については考えないということが、もろもろの機能要素の組織化をこばみ、都市を単なる集住と集積に終わらせているのである。現代都市の発展と停滞との二重性は、今日の社会のにない手としての企業体、諸個人の内包する矛盾と限界を表現したものということができる。私たちは先に発展の力を現実のなかに認め、機能要素の総体への構造的位置づけによって都市発展の現実化を考慮したのであるが、機能のこのような位置づけをこばんでいる実体との抵抗葛藤なくしてその実現はありえないであろう。

現代社会をこのように規定しているものはなんであろうか？　現代都市を混乱から救い、都市に秩序を与えるために、戦後とくにコミュニティの再建、都市のコアの建設が大きく叫ばれているのは、個人と集団との均衡を再び確立しようとする努力であった。歴史的都市のコアは都市を構成する共同体の再生産活動と、コミュニケーションとの集中的場であるがゆえに、都市に秩序を与え、都市を統一するコアとなりえたのであり、共同体意識に表現を与えることができたのである。すなわちコアは共同体が生み出したもの、共同体によって維持されてきたものである。現代の都市がコアをもたないということは、このような意味での共同体をもっていないということである。

生産力の発展による社会的分業の成長と交換の拡充は封建制末期に商品・貨幣経済を展開させ、生産力の飛躍への過程のなかで、商品流通は急速に全社会的規模において出現し、全社会は単一な再生産構造に変革された。ここにいたって共同体という地域的な経済単位は意味を喪失していった。いいかえれば、生産力の歴史的飛躍の段階に出現した貨幣経済の社会にあっては、かつて幼弱な諸個人を保護生存せしめていた共同体、人間の協力にかわって、貨幣が人間を保護生存せしめるのである。歴史的社会の人間がそれぞれの共同体に指向していたと同じ理由で、資本主義社会にあっては資本の蓄積利潤の追求へ向かい、諸個人の私的活動の決定的成長を促し自由競争が社会の原則となった。そうして、私企業の目的充足を極大化しようとするたゆまない追求が、究極には「見えざる手の導き」によって、社会の調和ある繁栄をもたらす、という信条が支配した。このようなところでは、個々の目的充足のための建築的機能要素は、相互の秩序ある構造的関連を失い、組織化への道を閉ざされてゆくのである。

ともあれ個々の建築的要素と都市的総体との構造的関連は、社会の構造を反映するものなのである。

しかし、社会はこうした体制のなかに、多くの矛盾を経験した。今日、この内部から、その構造を変革しようとする動きが現われているのである。私たちの提案は、このような変革のエネルギーを建築家としてうけとめ、それを形と空間として実現することである。いいかえれば、発展しつつある現実社会の構造を、空間の構造として主体的に、あるいは典型的に反映させることであるといえよう。

建築と都市とのこうした構造的関連の問題は、すでに機能主義の限界をこえた新しい領域の問題である。それは機能概念による分析的方法から、構造概念による組織化へと向かうものである。そうして、これは相互に機能的関連の存在しない個々の機能要素を、構造的に関連づけるという、建築創造における方法体系の未開の　　へと、私たちを導くことになるであろう。建築設計から都市設計へという方向に、私たちの地平を展開させてゆくであろう。

（一九五六年六月）

（本編は、「新建築」一九五五年一月号および一九五六年六月号に多少加筆したものである）

II 機能と構造

1　現代の歴史的位相

現代は、建設の時代ともいわれ、また一方では消費の時代ともいわれる。そうしてまたコミュニケーションの時代であり、組織の時代であるともいわれる。それはまた大都市地域が生存の支配的環境となりつつある時代でもある。こういう状況のなかで、建築や都市についての思想、それを創造してゆく方法が問題になってくることは必然であるが、しかし、そうした課題を理解するということは、そうたやすいことではない。

まず現代の歴史的位置づけについて多少考えてみることが必要になるだろう。

このことについて考えてゆくにあたって、私は、ロストウ（W. W. Rostow）の「経済発展の諸段階 The stages of economic growth」の段階区分をかりたいと思う。ロストウはこれを、伝統的社会、離陸のための先行条件期、離陸、成熟への前進、高度大衆消費の時代、の五つの段階と考えている。

これを私は、伝統的社会から離陸にいたる先行条件期、成熟への前進期、そうして成熟以後の発展期と三つに大別しておきたい。これはまた次のような発展段階として説明することもできよう。それは農業社会から工業社会へ、工業社会の成熟、そうして工業社会から新たな情報社会へ、という発展の型としてみることである。

離陸のための先行条件が充実する時期は、イギリスがもっとも早く一八世紀末から一九世紀初頭に、その他のヨーロッパ諸国とアメリカは一九世紀のあいだに相前後し、日本は一九世紀末に、そうしてアジア・アフリカ諸国や中南米諸国は現在離陸を開始しようとしている。この位相にある経済社会の特徴は近代化に向かって離陸するために大きな社会的間接資本を必要条件としていて、総投資のうちの非常に大きな部分が輸送その他の社会的投資や首都の大改造などに向けられている。そうして国家主義的傾向をもった社会体制のもとに、農業生産からくる剰余所得が国家の資本形成に重要な役割を果たしている。しかしまだ国民総生産にたいする資本形成の比率五—一〇%のあいだにあって、あまり高くはないが、それが国家によって掌握されているので、近代化の基礎条件を整備するため、社会的間接投資にふりむけられることを可能にしている。

インドのシャンディガールの建設は、ロストウのいう先行条件期における建設である。インドが、この建設に着手したころ一九五〇年には、資本形成の国民総生産にしめる比率は五%程度であった——インドは一九六八年までにこれを成熟期にある経済が到達している比率二〇%程度にまで急速に引きあげようと計画している。この先行条件期における国家的な資本形成としてシャンディガールをみるとき、コルビュジエの個性の背後に、機能主義が民族主義的色彩をおびて、見いだされるということは、当然のことだといえるだろう。

ブラジルがブラジリアの建設をはじめた時期には、すでに経済は離陸をようやく終わり、規則的成長の段階にはいっている。資本形成の比率は一四％前後にまで達しているが、国家的統制はまだ強く、しかも新しい工業が発展の緒についた段階である。ブラジリアがもつ機能主義的傾向に工業的色彩がつよく打ち出されていることも、また自然なことであろう。しかしこれらの建設は、経済発展の段階からみれば、西ヨーロッパやアメリカにおける一九世紀の先行条件期に特徴的であった鉄道建設、パリ大改造、その他の首都整備などの国家的資本形成の事業と比べられるものである。

日本はこの段階で、鉄道建設を大規模に行なったが、その他の国家資本は、資本財生産部門への直接的設備投資あるいはそれへの援助にふりむけられており、都市整備や改造などの社会的間接資本の充実の方向にはふりむけられなかったということが、特徴的なことである。

経済が成熟への前進をおしすすめた段階、あるいはおしすすめつつある諸国では——植民地にたいする国家的統制のもとにおけるインドのニューデリー建設や日本が満州国に行なった新京建設などはあったが——、国内的には、シャンディガールやブラジリアに見られるような国家的建設事業は行なわれなかったし、また行なわれうる条件をそなえてはいない。オーストラリアがその先行条件期に計画した首都キャンベラが、その後急速に成熟へと前進をとげたオーストラリア社会にとって、いかに適応しえないものであったかは、この点について興味ある実例である。

ここでは経済の発展は、企業における生産の極大、利潤の極大という目標にむかった企業家的精神と資本家的活動によって演ぜられる。資本形成——建設投資と機械設備投資——は、国民総生産の一〇％から漸次二〇％に及ぶようになる。生産性は持続的に上昇する。そうした私企業の自由な目的極大化への追求が、「見えざる手の導き」によって国民経済の調和ある繁栄をもたらすというアダム＝スミス的信条が支配している。経済が度重なる恐慌に遭遇しても、この信条はゆるがなかった。

成熟期とは、ロストウによれば、経済が近代の生産技術のもっとも進んだ成果を吸収し、かつそれを資源のきわめて広い範囲にわたって、有効に適用することができる能力を誇示する段階である。この段階においては、経済は工学的技術と企業家的精神によって、生産しようと思うものは何物によらず生産しうることを誇示するのである。

まず目的を明確にせよ。その目的に対して極大の充足を与えよ。その機能が形態を決定する。――こういった機能主義の信条はベーレンスやサリバンにおいて、きわめて確固たるものであった。

この信条は、成熟への前進をおしすすめつつあった企業家的精神といかに似かよっていることだろう。企業家にとって、生産の極大化があらゆるものに優先する目的であった。生産と、それに関与する諸要因――土地・資本・労働――とのあいだには関数関係つまり機能関係が成立している。生産を極大にするという目的に対して、生産の諸要因はそれを実現する手段として最大限に活用される。

企業の単位は、この生産と生産手段、あるいは目的と手段とのあいだの機能関係が成り立つ一つの系であり、また機能単位であった。そうしてそれぞれの系は独立に、自己の目的を極大に充足することを目ざして、ひたむきな活動を続けてきたし、また続けつつある。しかし、それぞれに独立の系と系のあいだの均衡、あるいは系が国民経済とかかわりあう仕方については、ほとんど考慮が払われてはいなかった。「見えざる手の導き」によって、私企業の生産極大化への追求は、国民経済の繁栄をもたらすという スミス的世界観にささえられていたからである。そこには、個人の自由は全体の秩序をもたらすという自由主義思想がみなぎっていたのである。

これこそ建築・都市において、機能主義が生育する実り豊かな土壌であった。機能主義の建築について考えてみよう。目的はそれを実現する幾つかの要因によって充足される。そうして目的とのあいだには機能関係が成り立っている。そうしてそれぞれの諸要因は、目的の充足を極大にするために、その質と量が規定され、それによって建築の形態が決定される。これが、言葉の厳密な意味で機能主義なのである。「住居は住むための機械である」というコルビュジエの有名な言葉は、このことをもっとも明確に示している。

だからといって、機能主義の建築がすべてこうした厳密な意味での機能主義であったと、いおうとしているのではない。機能主義が厳密な意味で適用されうるところは、特定の「目的—手段」のあいだの機能関係が成り立つ系の内部においてである。しかし建築には機能関係の成り立たない多くの領域がふくまれている。そうした領域ではいままで、あまり深くは意識されないまま、建築家の個性や経験が適用されているのである。系の外部については、まだ深くは意識されていなかったということが、現代建築の第一期における機能主義であったと考えてよいだろう。——この問題はあとでふれることになるが、この小論の主要な内容となるものである。

機能主義がその初期の時期から、しばしば受けてきた批判は、こういうものであった。「建築は機械ではない。物質的機能の充足だけでは足りない。そこには人間の精神的、感性的、心理的充足がなければならない。」しかしこれはまだ本質的な批判ではない。

機能主義の「目的ー手段」の系において、その目的の位置に、精神的、感性的側面を加えておけば、その範囲においては、機能関係は程度の差こそあれ十分成り立つからである。このような批判は「技術こそ抒情の器である」という同じコルビュジエの機能主義美学の前衛性のまえに、影がうすれてしまうだろう。多くの場合こうした批判は、建築を再び装飾主義へおとし入れるという消極的役割しか果たさなかったのである。

私は機能主義に対して、こうした消極的批判をするまえに、それが果たした革命的役割を評価しておかねばならないと考えている。建築の機能主義は、社会が離陸から成熟に向かって前進しつつあった諸国あるいはしつつある諸地域において、旺盛な企業家的精神が果たした役割と歩調をともにしながら、近代的生産技術の発展と、そこからくる物的、社会的条件を基礎とし、それを反映する建築を創り出すことに成功したのである。それはまた建築における科学的方法——物質的世界から人間社会、さらに人間心理の領域におよぶ——を発展させ、建築の工業化をおしすすめたのである。そうしてこれらの成果は、今後もますます拡大されてゆくであろう。それにもかかわらず、私がここで機能主義の限界についてふれようとしているのは、機能主義を否定するためにではなく、機能主義を補充する新しい思想と方法が必要になってきていることを示したいがためである。「目的―手段」のあいだの機能関係は、一つの機能単位、あるいは系を前提としなければならない。ある特定の目的――あるいは諸目的の比重関係がすでに決定されている複合的目的――が設定されるときには、それを充足する手段――あるいは諸手段――の目的に対する機能関係は、科学的に、合理的にあきらかにされうるし、それを実現する方法を探求することもできる。そうして、それを建築像にもたらすことが可能である。この関係はとくに生産機能においてもっとも明確である。しかし軍艦のようなものになるとそれほど明確ではなくなってくる。走行・攻撃・防御という矛盾しあう目的に対して、どういう比重を決定するかという目的設定の問題がでてくるからである。目的設定が終われば、あとは「目的―手段」の機能関係が成り立ち、機能主義的設計は完遂されるとしても、その前の目的設定の領域では機能主義は同じ厳密さでは適用されない。かりにそれを国防というより高次の系において考えれば、国防という目的を実現する手段として軍艦が位置づけられ、その系において機能関係は成り立つが、しかしそれでは、歴史的、社会的、経済的条件がより強くでてきて、機能関係は明確さを欠くことになるだろう。

この関係は建築の場合、さらに複雑である。住居を考えてみても、そこで主人が行なう目的設定と、主婦のそれとのあいだには大きなくいちがいが起こることは普通である。現実には目的設定は、その双方の勢力関係によって、どちらかに偏って行なわれる。しかもそれと建築家がいだく目的意識とのあいだに一致点を見いだすことも、しばしば困難である。一般にはそれも、住まう側の目的設定か建築家の目的意識かあるいはその妥協によって、一応の設定が行なわれている。この目的設定の過程と、目的に対する手段決定の過程は分解しえないぐらいに密接にからまっており、相互に影響しあうもので、しばしば混同されているが、しかし、この二つの過程は区別して考えておく必要がある。

個人住宅の場合、あるいは企業による建物の場合、「この目的―手段」の系は、それぞれ独立に、投資単位ごとに投資者の利益によって決定されてゆくのが現実であろう。

しかし、不特定多数の要求にこたえる住居、あるいは公共建築の場合、その目的設定はさほど簡単ではない。ここでは、建築家はなにがしかの目的意識をもつことが要求されるし、態度決定あるいは世界観の決定にまで追いこまれるのである。そこではもはや機能関係という救いの手は存在していない。そうして、建築家は彼のおかれている歴史的、社会的状況にたいする認識を求められてくるのである。

世界の現代建築のなかに、近代主義と現実主義、工業主義と伝統主義、国際主義と地域主義などの対立的な態度が生まれてくるのは、主としてこの目的設定の過程においてである。そうしてこれらの動きを通じて、機能主義の限界が意識されはじめたのである。しかし、これらの主義は、主として、目的設定の過程のものであり、手段決定に主として関与する機能主義とは、対立概念となるものではない、ということは留意されるべきである。むしろ補足的なものといえるだろう。現実主義的色彩をもった機能主義、地域主義的色彩をもった機能主義といったことがいえるのである。そうして世界は、いろいろな色彩をもった機能主義の見事な成果である幾つかの建築を創りだすことができたのである。

都市の水準で考える場合、この目的設定はさらに困難な問題をもっている。そればかりか「目的—手段」の機能関係自身、さらに大きな限界にぶつかるものである。

（一九六一年一〇月）

2 現代の一般的状況

いま、世界の幾つかの地域では、経済は成熟期を終え新しい段階を迎えている。この局面ではアメリカはもっともぬきんでており、西ヨーロッパ諸国がそれに続いている。日本はその段階へ模索をつづけており、ソ連もこれに対して希望をよせている。

社会が成熟期に達したところでは、二つのことが起こった。一つは一人当りの実質所得が上昇して、多数の人びとが基礎的な衣食住を超える消費を行なうようになったことである。一つは労働力構成が変化し、都市人口の比率が増加し、歴史上かつてなかった巨大都市地域が出現しつつある。しかもそれらを構成する事務労働者・第三次産業人口や熟練工場労働者——成熟しきった経済が産み出した消費財を意識し、それを獲得したいとねがう——の全人口にたいする比率が増加したことである。ここでは重点は生産から消費へ、供給から需要に移り、産業の主導部門も耐久消費財とサービスに向かって移ってゆく。そうしてロストウはこの段階を高度大量消費時代とよんでいる。

この段階を迎えて、経済の認識にも大きな変革があらわれた。スミス的認識からケインズ的認識への変革である。

需要——消費と投資——は供給を決定するというJ・M・ケインズの有効需要の理論は、国民経済にしめる消費の役割の重要性を示したものとして、ロストウの高度大量消費時代の前ぶれであった。それとともに総投資――その六〇％―八〇％が建設投資である――が国民経済にしめる役割の重要性をも示している。それは、建設の時代を暗示していたのである。

それにも増して彼の功績は、国民経済をスミスの「見えざる手の導き」から「目に見える構造」として捉えることを可能にしたということである。国民経済の構造と循環は目に見える数字となった。ある電子工学者はこの複雑な国民経済組織とその運動を、電気的フィードバックの回路とのアナログとして解析しうることを明らかにした。そうして国民経済は制御と予期の対象となりうるものとなったのである。アメリカの経済学者ガルブレイスは、この経済の構造と運動の視覚化と計数化の果たした威力は、原子爆弾の力よりも偉大であったと語っている。

これは国民経済を高度に組織化する道をひらいたともいえるだろう。そうして、これはまた組織の時代の一つの断面を象徴しているともいえるだろう。と同時に国民経済の安定を仲介するものとして、政府の役割を再び重要なものにしたのである。

こうした現代の歴史的位相を私たちの問題と結びつけるために、私は次のような二つの軸で捉えなおしてみたいと思う。その一つは、生産技術の革命とその後の持続的発展がもたらした現代的状況である。――工業社会状況。

もう一つは、コミュニケーション技術の現代における革命的飛躍がもたらしている状況である。

——情報社会的状況。

この第一の状況とは、結論的にいうならば、生産の時代から、建設と消費の時代への移行であるといいたい。

企業にとって、建設投資は生産を極大にする手段として機能主義的に考えられていた。そうして社会は、生産極大に向かう企業化活動によって、波動的ではあったが、その総生産を大きく成長させた。また一人当りの生産性を上昇させた。そうして投資率もしだいに高くなり、国民総生産の二〇％にも達するようになった。その結果建設活動は、この成長しつつある国民総生産と上昇しつつある投資率の相乗として加速度的に巨大化していった。しかし、建設投資が生産目的にたいする単なる手段であるという認識からぬけ出すためには、経済思想におけるケインズ革命を待たなければならなかった。社会は、ありあまる生産のなかの貧困・失業・恐慌の苦しみをなめなければならなかった。また放任されてきた企業の建設投資で巨大化すればするほど、社会的間接資本の不足が累積的に、加速度的に深まっていった。

都市の無秩序な発展、そこからくる混乱と麻痺は、生産基盤としての都市ばかりでなく生活環境としての都市の致命的欠陥となってきた。そうしてついに企業投資の生産効果そのものをおびやかすものとなった。スミスの「見えざる手の導き」にたいする信念は幻影となったのである。この段階で、国民経済の繁栄は、単なる企業的枠組における生産の極大化においてではなく、経済の組織的活動と動態的均衡において、つまり安定と成長において達成されるという新しい認識が必要になってきたのである。ケインズの需要が供給を決定するという有効需要の理論はこうした背景のなかから生まれたものといえるだろう。

需要とは消費と投資である。そうして投資の大きな部分は建設投資である。そうして建設はここでは生産目的に対する単なる手段としてではなく、むしろ生産を決定するものとして認識されるようになったのである。まさに建設の時代がはじまっているのである。

と同時に建設における政府の役割、公共投資が二重の意味をおびて重要なものとなってきた。一つは私的、企業的投資がつくり出す生産施設と生活環境に対する社会的基礎構造、インフラ－ストラクチュアとしての役割であって、企業投資と公共投資の均衡の必要が認識されてきたのである。もう一つは、建設事業に投入される有効需要——生産財の需要——と、建設事業による雇用がもたらす有効需要——消費財の需要——が、国民経済に果たす役割が認識され、公共投資が、国民経済を成長と安定に導くものとして重視されはじめたということである。

アメリカのTVA開発の建設事業はこの認識の輝かしい成果であった。またこの戦後のアメリカにおける自動車道路の建設、住宅団地の建設、そして、都市再開発などは、またヨーロッパ諸国における大量の公営住宅の建設、都市周辺の公共的都市開発などは、この新しい役割をもって登場してきた公共投資である。ここでは、生産基盤の充実ばかりでなく生活環境の整備といった福祉への方向——国によってその志向の度合は異なっているが——への投資さえも、福祉的意味とともに、有効需要の増大として、国民経済の安定にたいする経済的意味が付与されているのである。

このような公共投資による社会的間接資本の充実が一方ではますますその重要性をおびて現われつつある、と同時に、企業の建設活動――個人の建築、住宅をも含めて――もますます盛んになりつつある。都心地区のオフィスビルの大量の建設、工場の大規模な建設、郊外住宅地の放任された発展などが現われている。それらはいぜんとして都市の混乱を助長し、生産基盤を弱体化し、生活環境を悪化する方向に行なわれている。こうした建設の時代にはいって、世界はまだ建築、都市の建設に秩序ある構造と、均衡のある発展をもたらす新しい思想と方法を見いだしてはいない。

日本はこの戦後、その経済を急速に成長させた。資本形成の国民総生産にたいする比率は二五％から最近は三五％に迫ろうとし、世界最高の投資率をもっている。しかし企業投資の旺盛さに比べて、公共投資の占める比率は相対的に低下し、社会的間接資本の不足はますます顕著となり、とくに大都市地域の混乱と麻痺は収拾のつかない段階に達している。ここで生産基盤としての社会資本において以上に、生活環境に対する社会資本の絶対的不足は目にあまるものがある。

日本は建設の時代にはいって、最悪の事態に遭遇している。この状況のなかで、建設の時代にふさわしい建築、都市に対する思想と方法の必要が痛感されているのである。

建設の時代はまた消費の時代でもある。消費または生産を支配している。消費者は生産者の王様となったのである。ロストウのいう高度大量消費の時代なのである。

一方では莫大な建設が行なわれて、人間の生活環境を急速なスピードで成長させつつある。そのスピードは、国民総生産の成長と投資率の相乗として加速度的である。都市の構造も急速に、また大きく変身――メタモルフォーゼ――してゆくであろう。

一方では、はげしい消費と消滅は刻々、日々の生活環境を新陳代謝――メタボリズム――させつつあるといえよう。

まさに生活環境はダイナミックな成長と変化の時代にはいったといってよい。

いま生産技術がもたらした革命とその後の持続的な生産技術の進歩がもたらした現状況は、建設と消費、急速な成長とめまぐるしいほどの変化という状況を私たちの前に現わしはじめたのである。

こうした建設と消費、成長と変化という現代的状況に対して、世界の建築家・都市計画家はまだ、そうした状況における動態的均衡という課題を解決してはいないばかりか、その課題に対する意識もきわめて不十分である。

第二の状況、これはまさに始まろうとしている情報社会的状況であるが、これはコミュニケーション技術の革命的飛躍が現代にもたらしつつあるものであって、それは生産技術の発展が人間社会に与えた衝撃にもまして、強い力をもって人間と人間、人間と物質、人間と自然との関連を変革しつつある。

人間は手の延長としての生産技術だけでは満足しない。その五官の延長をコミュニケーション技術に託している。その頭脳をさえそれによって代置させようとしている。そういう意味で、コミュニケーション技術は私たちの五官の神経組織、体内のコミュニケーション－システムの外延であるといってよいだろう。その技術は一方において通信技術として、人間と人間の接触関係に大きな変化をもたらしている。電信・電話・携帯電話あるいはテレビ電話などは、言語コミュニケーションから視覚コミュニケーションに向かって進んでいる。ラジオやテレビはまたマスコミュニケーションの時代を出現させて、大衆社会の技術的基礎となった。これらの間接的コミュニケーションに対して、直接的コミュニケーションとしての輸送技術とそのパターンも大きく移りかわりつつある。鉄道などの大量輸送、飛行機による大量遠隔輸送、そうして自動車による個人輸送――それはドアからドアへという個人の自発性に基づく運動を可能にする――の発展は、人間社会の組織とそのフィジカルなパターンを急速に変革している。現代の巨大都市の出現はこうしたコミュニケーション手段なくして考えることはできない。現代の開かれた組織、その自由で弾力的な結合関係もこの手段によってはじめて可能となったのである。それはまた現代の生活パターンを流動的なものにし、生活行動の範囲を拡大していった。そうして人間は宇宙へ挑戦をはじめているのである。

この状態のなかで、直接、建築・都市設計に深い関連をもつものは、巨大都市地域が生存の支配的環境となりつつあるということ、そこにおける社会組織は、流動的で開放されており、そこでの人間と人間との関係、人間と物質との関係は自由な自発的な結合関係によってなりたっており、そうして人間はより緊密な接触とその自由な選択を目ざして行動している、という点であろう。

間接的なコミュニケーション手段の発展もこの行動を軽減することはない。むしろその発展は、直接的コミュニケーション、人と人、人と物の直接的な接触の要求をますます誘発しているのである。人びとはそうした無限の接触の可能性をもった大都市のなかで、相互の接触を求めて流動している。そうしてこの流動的なコミュニケーションの動きこそ、都市の生命を維持する動脈であり、都市の頭脳を回転させる神経系統なのである。そうしてそれは都市のフィジカルなシステムを更新しつつある。こうしたモビリティにも二つの側面がある。一つは通勤などのように定期的に繰り返される定常流である。これは大量輸送機関によって満たされうる動きである。他は、社会組織の高度化とその分化とともに、人と人、人と物とのより自由で、より自発的な、そうしてより選択的な接触の要求が、ますます激しくなってくることから起こる流動的な動きである。そうしてこの流動的な動きに対しては自動車のような個人輸送の手段がもっとも適しており、大都市地域内部および周辺での自動車交通がますます激しくなってゆくという側面である。

この自動車によるコミュニケーションのパターンは、人と人、人と物との関係を変化させた以上に、そのフィジカルな反映である建築と建築、建築と建築クラスター、そうしてクラスターと全体との関連の仕方を変革しつつある。

しかし世界はまだ、このコミュニケーションのパターンに適応する都市構造も、空間組織をも見いだしてはいない。

建設における社会投資と私的投資、infra structure と element structure の均衡の問題は、資本ふり分けという経済的側面においては意識されるようになったというものの、まだそれをフィジカルなものに反映する方法として、私たちはうけとめてはいない。投資と消費、いいかえれば建設と消滅の激しい現代、成長と変化の動態的均衡も、まだ私たちの課題として十分、うけとってはいない。

開かれた社会組織「大都市地域」における人間関係――個人は自発的な選択的行動を最大限に発揮しようとしている、しかも、その個人の自由で流動的な結合関係が、一つの組織を形成してゆく、逆にいえば個人と組織とは双方からの結合関係を刺激し、また規制しあっている――という関係は、まだ十分に、私たちのフィジカルな環境に反映されてはいない。このような相互関連を成り立たせる技術的基礎はコミュニケーションにあるが、しかしまだ、私たちはコミュニケーションを現代社会組織のフィジカルな構造として、また空間の組織として、うけとめてはいない。私たちの現代の課題はすでに明らかであろう。

成長と変化の動態的均衡――短期のサイクルで変化してゆくものを内にふくみながら、長期のサイクルで成長してゆくような関係、ミクロな流動をふくみつつマクロな安定を成り立たせるような関係、あるいは変化にともなうよりマイナーなものと、都市のシステムを規定するようなよりメイジャーなものとの弾力的な結合関係、あるいは古い環境への新しいものの投入がもたらす緊張関係――などを、フィジカルな構造として、また空間の組織として、いかに捉えてゆくかということである。

これを構造づけ、あるいは組織づけとよぶことができるとすれば、その方法を探求してゆくことこそ、現代の建築・都市設計において、もっとも重要な課題であるといえるだろう。しかし、この探求はすでに、機能主義の限界をこえた領域のことがらである。ここでは、一つの機能単位と他の機能単位との間にはなんら機能関係が存在していないのである。それらは、それぞれに独立の系であり、独立に自由な運動をしている。たとえば一つの住宅とその隣の住宅とのあいだには、なんら機能関係は存在していない。そこにあるのは動態的な構造的関係なのである。こうした構造的関係を明らかにし、さらにその新しい構造関連をつくり出してゆくことこそ、私たちの主要な課題となってきたのである。私は、抽象的ではあるが、こう考えている。「機能概念と機能づけという機能主義の思想と方法をうちに含みながら、それを補完し、それに外包するような構造概念と組織概念、それにもとづく構造づけと組織づけという新たな構造主義の思想と方法が現在、必要な状況になっている」と。

（一九六一年一〇月）

3　機能主義から構造主義へ

こうした問題に対する接近の試みは、断片的にではあるが、世界のそこかしこで、行なわれてきたし、また行なわれつつある。

コルビュジエが「輝く都市」を描いたとき、すでにこの方向への第一歩はふみ出されたのである。自動車は、そこでは単なる手段としてではなく、現代の開かれた社会を一つの有機的生命に統一するコミュニケーションのシンボルとして描かれている。そのモビリティは現代社会の基礎構造を形成するものであり、自動車道路は社会組織のシンボルである。コルビュジエの都市像はこのモビリティを建築・都市に導入した最初の輝かしい像であった。

四〇〇メートルグリッドの自動車道路――この立体交差の方式では時速四〇キロの走行しか許容されないだろうが――、それは都市の基礎構造であった。またピロティの発見によって、彼は自動車と歩行者の分離、システマティックな自動車道路体系と、自由な歩行者道路のネットワークのオーバーラップなど新しい都市の組織概念を提示したのである。

このピロティは、機能概念ではなく、構造づけの要素として、組織概念であることも、また彼のすぐれた構想力を示しているのである。

これらの予見者的な像が、CIAMのアテネ憲章に概念化されたとき、都市は構造概念としてではなく、機能概念によって捉えられている。そうして、都市は四つの機能――住居・労働・厚生・交通――に分解されたままその組織化への方法も、またその成長への方向づけをも見失ってしまったように見える。

都市、また住環境を、組織化された構造としてそれを動態的に捉えようとする動きは、この戦後のCIAMの若いメンバーたち――チーム－テンはその有力な一つであるが――によって再燃した。スミッソンはアソシエーションという概念を導入した。そこでは都市を組織づけていくいくつかの段階が、それぞれにもつアイデンティティとその結合のシステムのコンプリヘンシビリティが強調されている。そうしてクラスター――自由ではあるが、そこにシステムが存在しているような組織の形態であり、発展のパターンである――の概念を生み出した。

アルド－ヴァン－アイクのアムステルダムにおける幼稚園計画は、その一つの例といえるだろう。日本で大高や槇が試みている群造形もこれの一つの発展形態である。神谷が高松一の宮の公団住宅団地で発展させている方式も、この領域での一つの試みであるだろう。

ルイ－カーンが、ペンシルヴェニア大学のメディカル－センターで、建築空間をマスター－スペースとサーバント－スペースに要素化して、その結合方式に新しい視覚言語を発見したのも、この問題へのカーン的な挑戦であったといえるだろう。

大谷が麹町再開発にたいする基礎研究で、都市空間を最小の要素単位に分解して、その構造づけの方式を探求しているのも、こうした方向の一つの発展として考えられるだろう。

この構造づけに、成長と変化の概念を導入することは、いうほどにはやさしいものではない。時間的次元でまず問題になるのは、古い環境に、新しいものを投入するときに起こる問題であろう。

ハーバードのキャンパスにグラデュエイト・センターを計画したときに遭遇した課題であり、グロピウスはその状況を意識した最初の近代建築家であったといえるだろう。新しくは、ルドルフのウェズレー・キャンパスにおけるアート・センターやサーリネンのエール・キャンパスにおけるドミトリー計画などで、かなり意識的にとりあつかわれている。

これは、ロジャースが、ミラノという古い環境にヴェラスカの塔を投入したときに、「古い環境への従属的な調和か、古い環境の活性化か」という問題に発展した。

それは、その置かれている状況によって、決定されるものであろう。しかし、私が建設の時代とよんだところの性格が支配している状況におかれているところに関する限り、新しいものの投入は、古い組織の活性化への契機として発展的に捉えるべきではないだろうか、と考えている。私が東京都庁舎Ⅰ-④⑤や、地方都市——高松や今治Ⅰ-⑪や倉敷Ⅰ-⑭〜⑯——で試みた庁舎の計画の立場も、活性化への契機としてであった。

しかしまだこの段階では、結合の概念は、十分にコミュニケーションの社会的な組織網との関連で捉えられてはいない。それは全体と要素とのあいだの一方的な結合関係としてではなく、相互の作用関連におかれたダイナミックな関連を捉えることでもある。一方的な関係としては、要素と要素の自由な自発的な選択に基づく結合が究極的に全体をかたちづくるという過程が一方では考えられるが、また他方全体のシステムが明確であって、その規制が末端の要素にまで作用するという過程が考えられる。

前者は自然成長の過程であり、全体の均衡は「見えざる手の導き」が存在するならば、達せられるだろうが、一般に人間社会の活動では、そのような「見えざる手の導き」を期待することは困難である。後者は強い主権による統制が行なわれうるところに成り立つ関係ではあるが、それはスタティックなパターンにすぎなくなるだろう。

ちょうど個々の雨滴がブラウン運動をしながら山襞を流動しているミクロな世界も、マクロに観察されるとき、一つの川の流れに合流してゆくシステムが見いだされるように、コミュニケーションのネットワークもミクロな段階における不規則な運動が、マクロの段階ではシステムをもった運動なのである。

都市における全体と要素とのあいだにはこのような関係が見いだされるものである。全体は要素を規定するが、要素はまた全体を刺激するというなんらかのシステムをもった相互作用が存在している。都市における成長と変化も、その相互作用の場において行なわれるものである。

個々の要素がクラスターに結合してゆくミクロな世界で、要素と要素を結合させているものは何であろうか。窓でありとびらであり、そうして道や広場であるだろう。これは人間の歩行によるコミュニケーション、または視覚的コミュニケーションがつくり出す空間組織であるといいなおしてもよいだろう。こうした低次のクラスターの段階では、あらゆる場面にヒューマン－スケールが支配しており、そこにおけるコミュニケーションも、つねに変わることのない人間的尺度をもっている。しかし、この末端にも自動車によるコミュニケーションの触手がのびてくる。そうして古い均衡は破れて、新しい均衡に動こうとしている。

そうしてこのミクロの世界の窓は、マクロの世界、都市的段階に開かれている。

このマクロな世界のフィジカルな構造と空間の組織は、大量輸送や自動車交通によるコミュニケーションのシステムを反映する。このシステムは逆にミクロな世界に向かって触手をのばしている。

大量輸送と建築クラスターの関係づけは、駅という方法によって、解決されてきた。しかし、自動車道路と建築クラスターとの関係づけはいまだ十分に解決されていない。とくに高速度自動車道路が既成都市に導入されたところでは、この関係は危機的様相を呈している。ここでは高速と静止のあいだに、自動車交通がもたらしたスーパー－ヒューマン－スケールと建築クラスターのもつヒューマン－スケールとのあいだに、まだなんらの均衡も回復されてはいない。この現代技術がもたらしつつあるコミュニケーション－システムは、間断なく成長して、とどまるところをしらない。それとつねに変わることのない人間的尺度のコミュニケーション－ネットワークとの組織づけもまだ見いだされてはいない。

アメリカ諸都市の再開発方式も、このメイジャーな構造――高速道路――と、よりマイナーな要素――建築クラスター――とのあいだに調和を見いだしてはいない。またショッピング－タウン計画は、この自動車道路のループと、その内側の砂漠のようなパーキング-スペースと、その中心の建築クラスターという常套的な、しかもあまりに非人間的な解決の方式をとっている。

ルイ-カーンはフィラデルフィアの中心地改造の提案で、この自動車交通と建築クラスターとの結び目として、港の概念を導入した。この港は、建築クラスターに進んでゆく車の流れに一つの目的地意識を与え、また二つの異なった次元を媒介する役目をもつものとして、この港の概念の導入は意味ふかいものがある。もし疑問がのこるとすれば、個人の自由意志によって目的のドアまで達しようとする自動車交通に対して、大量輸送の駅、ないしは港の概念を適用しうるだろうか、という点であろう。私はむしろ、この高次のコミュニケーションのネットワークを、建築の内部に貫入させる方式を追求した。MITで学生たちとともに発展させた試案である。そこでは目的地の意識は最後まで保たれ、また高速から緩速への変化、スケールのハイアラーキー——スーパー-ヒューマン-スケールからヒューマン-スケールにいたるシークェンシャルな関係——が、建築空間の内部で意図されている。

この提案は一つの建築というよりは建築クラスターをささえる基礎構造である。その内部の変化に富んだ空間組織は、高次から低次にいたるコミュニケーション空間である。その基礎構造は人工地盤というよりは、人工自然とよびうるものであろう。これはまた建設の時代にふさわしい建築規模をもつだろう。

またその基礎構造のもつ、より長い時間サイクルは、そこにとりつけられる要素のより自由なより短い時間的変化と結合して、空間組織は運動するだろう。

このようなメタボリックな結合と運動については、菊竹が海上に浮かぶ塔状都市ですでに提案してきたものであるが、その後、彼をふくむメタボリズム-グループによってさらに展開されている。

しかし都市には、その間断ない持続的な、メタボリズムの過程をたどりながら大きなメタモルフォーゼの行なわれる時期、あるいは局所があるといえよう。

アルドが「樹木がその根と幹という一つのシステムのなかで、年々その葉を更新させながら成長してゆく過程と、樹木に実った核が、新しい土壌から新しい樹木に成長してゆく過程、いわば持続的成長と断絶的変化とを区別すべきだ」といっているのは、正しい問題提起である。

都市のシステムが、あるいは局所が、このいずれの位相におかれているかを判断することが、きわめて重要になってくる。しかし、第一の過程だけで都市を理解することは、都市の自然発展をそのまま肯定するような宿命論的立場におちてゆくものである。と同時に第一のメタボリックな過程を内在的にもつシステムを考えないならば、システムの変身という第二の過程もその発展する生命力を失うことになるだろう。

現代大都市は構造として、求心型放射状のパターン——東京・ロンドン・パリ・モスクワその他——をもっているものが多いが、それはすでに限界に達している。そのパターンは中世の閉じた固定化した社会の反映であった。そのパターンに従って自然発展をとげてきた現代大都市では、その中心部はコミュニケーションの過荷重ですでに窒息しつつある。現代の開かれた流動的な社会の組織にたいしては、新しいコミュニケーションのシステムとパターンが必要になっている。都市の構造改革が必要になっている。

スミッソンがベルリン中心地に対して試みた提案は、都市システムが変身してゆくことの必要を主張したものとして暗示に富んでいる。緩速自動車と歩行者デッキの二つの次元のコミュニケーション－ネットワークの関連、それらと建築クラスターとの関連のシステムの提案であるが、その未完結な開放系のパターンは成長と変化への触手を暗示している。しかしまだここではそれらと高速自動車道路との組織づけは行なわれていない。それを彼はロンドンを対象として提案している。

ここでは高速コミュニケーションのシステムとして、三角形ネット――序列のない等分布交通、いずれの部分へも同じ程度の接近のしやすさ、各インターセクションにおける二者択一的な簡明な判断――を提案している。このコミュニケーション－システムが現代大都市の組織に適応しうるか、という点についてはまだ疑問が残されているだろう。

ケヴィン－リンチは現代大都市地域に対して、同じく三角グリッドのネットワークを主張している。各交点はこの場合、六本の放射線をもつことになる。このネットワークは、彼のいう――都市生活の目標にとって最も優先的なもの――選択と人と人との接触をもっとも容易に達しうるものだとしている。しかしこの場合、各交点においての判断は二者択一ではなく、六者択一という非常にわかりにくい状況におかれてしまう。このわかりにくさは、接近の容易さの利益を相殺してしまうだろう。

この交点のいくつかに、都市活動が結節して、いわゆる多中心網目を構成し、全都市的活動は、いくつかの結節点を線型に結ぶ軸上に発展する、と彼は提案している。しかし、この複雑な六軸コミュニケーションの交点に、都市活動の結節点となる建築クラスターを結合するということは、フィジカルにいってほとんど不可能に近いだろう。

私たちの研究室では、東京を対象として、その構造改革の提案をしてきた。それは東京を求心型放射状のコミュニケーション－システムから、線型平行射状のシステムに変革させてゆく方式の提案である。この線型の軸を都市軸とよんでいる。それは既存の東京都心が線型に発展した形態である。この線型は、その軸上の各要素がもっともわかりやすく接触しあうことができ、またその接触を自由に選択することができるシステムである。そうしてこのパターンは、有機体にみられるような、線型成長を可能にしているもっとも自然な形態である。

この線型・平行射状コミュニケーションのシステムとして、サイクル－トランスポーテーションを提案した。この方式は、高速から緩速へのスピードのハイアラーキーをそなえており、都市・交通・建築のあいだに組織的関連をもたらす方式でもある。

これはまた自発的な不規則なコミュニケーションの流れと、システマティックな機械的運動、さらに大量輸送のシステムをも、ともに同調させうるシステムでもある。

さらに各単位サイクルの接点、またサイクルと平行射線との交点では、簡明な二者択一の原理が支配しており、このサイクル状の運動を非常にわかりやすくしている。

全都市的活動の核はこの都市軸上にある。この軸のもつコミュニケーションのフィジカルなシステムと、そこで展開される運動は、現代都市組織の表現であり、また都市活動の象徴となるだろう。

もちろんこの東京計画 Ⅱ-①② は私たちの意図の終着点を示しているものではなく、その出発点にすぎない。しかし私は、こうした経験を通じて、いま考えている。生産技術の発展が現代建築と都市設計に第一期の革命――機能主義――をもたらしたように、現在、コミュニケーション技術の飛躍的発展は、建築と都市との思想と方法に、第二の革命をもたらしつつある、といってよい。それは機能主義から構造主義へ、といってよい。

(一九六一年一〇月)

4　空間と象徴

最近の私たちの仕事のなかで、偶然なことではあるが、オリンピックの屋内競技場Ⅱ-⑫〜⑮とか、また香川県立体育館Ⅱ-⑨のような一つの大きな空間からなりたっている建築、またカトリック聖堂Ⅱ-⑩⑪も、その内容　ちがっていても、一つの空間から成り立っているという意味では同じ問題をもったものであるが、そういった建築が、かなりの比重を占めていたように思う。そういう機会にめぐまれて、私たちは、空間というものについて、あらためて考えるようになったともいえるだろうし、あるいは、平素考えていたことを、こうした機会に恵まれて、より身近に感じることができたのだ、ともいえるだろう。

そのなかの一つは「空間と象徴」とでもいってよい問題であった。かねがね私は、建築あるいは芸術一般の問題として象徴とかシンボルといったものに関心をもっていた。そうして現代建築なり現代芸術は、現代のシンボルを見失っているのではないだろうか、といったことを感じていた。というよりは、もう少し積極的に、現代のシンボルは何だろうか。どのようなところに現われるものだろうか、そうしてそれはどのようにして創られるのだろうか、といったことについて、考えてみることがあった。

漠然とではあるが、私はこのように考えてきた。建築なり都市空間なりへのアプローチの仕方として、機能概念によるものがあることは、たしかなことである。機能主義はこの側面をあまりにも強調しすぎたかもしれないが、かといって、機能主義を否定する立場に立とうとも、ものを「はたらき」としてみる見方を捨てさるわけにはゆかないだろう。しかし個々のものをそれぞれの固有のはたらきとしてみる見方は、ものを分析的にみる見方や、また抽象化してしまう立場に通じるものであって、ものを具体的な存在としてみる立場を見失いがちである。そこで、ものを——相互の関係づけ、空間的にまた時間的に——みる見方が必要になってくる。それは個々の建築を考える場合にもそうであるが、とくに都市を考えようとする場合、こうした構造概念による理解が、とくに必要である、といった考えをもっていた（『世界の現代建築』彰国社一九六一年版に発表された拙稿「建築と都市」参照）。これに関して、ここでは「機能主義から構造主義へ」という題で収録されている。

しかし、こうした機能概念と、構造概念によるアプローチをもってしても、まだおおいきれない領域が残されている。

私は、歴史的・社会的・人間的・技術的な「意味の世界」を象徴するような、いいかえれば、時代精神を象徴するようなものがないかぎり、建築と都市空間は、人間性を獲得しえないのではないだろうか、といったことを考えていた。

私が『伊勢——日本建築の原形』という本（一九六二年、朝日新聞社刊）のなかで、日本民族が、伊勢という一つの象徴を、どういうふうに創造したのかということにふれようとしたのは、こうした疑問に自ら答えようとした気持からであった。

この場合、日本民族が、米倉の形式と天皇の宮殿の形式との統一されたイメージのなかに、神的な存在としての象徴性を見いだしたというメタフィジカルな象徴化過程とともに、こうした建築の空間形象を一つの原型にまで昇華させたフィジカルな象徴化操作が、興味ある問題を提起しているように思われた。その一つの例をあげてみよう。

伊勢の建築は一般には、単純・明快・簡潔で、しかも合理に徹している、といった具合に説明されている。しかし私にはそうとは思われない側面が多く残されている。

この建築の力学的形式は、柱梁構造と壁構造との折衷的なものである。そういうふうに見てくると、千木とか堅魚木がなくなったとしても、力学的に弱くはならないし、棟持柱がなくなったとしても、この建築が傾くわけのものでもない。しかしこうした要素が取りのぞかれれば、視覚的には均衡を失ったものにならざるをえない。そういう意味では、これらは、あってもなくてもよいような偶然的な装飾的要素ではなく、それらは、なくてはならない本質的要素になっているものである。それらは、もはや力学的傾きはしていないが力学的意味をそのなかに濃縮したかたちで表現している。むしろ、フィジカルな形態が、メタフィジカルな意味を象徴しているといってもよいだろう。そうして私たちは、そこに神的な存在を見ているのである。

これを力学的な作用といった側面から、いいかえれば機能的に見ようとすれば、伊勢の建築形式と普通の柱梁構造のバラック建築とは、同じ形式として抽象化されてしまうだろう。現代建築や芸術のなかには、こうした抽象化の傾向が非常に強くあらわれている。そうした抽象化の過程で現代建築はその空間のもつ意味をしだいに失ってしまった。それだからこそ、現代建築は再び空間に、その意味を獲得しなければならない、といわなければならないのである。

象徴化は、抽象化と似た感じをもって理解されることがある。しかしこれらは全く反対の過程であるといってよい。抽象化が、意味を捨象してゆく過程だとすれば、象徴化は、意味をより具体化してゆく過程であるともいえるだろう。すぐれた象徴は、そこにこめられた意味を、もっとも濃縮した形に昇華させているのである。

現代の建築にも、また都市空間にも、何か、現代の象徴が求められているような領域がある、と私には思われる。

オリンピック屋内総合競技場の設計にあたっても、きわめて漠然とではあったが、空間がもつ心理的、情緒的あるいは精神的な表現性といったものを意識していた。それは、フィジカルなものとメタフィジカルなものの間に通ずる通路のことであったといってもよいだろう。それはまだ、現代精神の象徴は何か、などという大げさなものではなかったが、しかし、こうした問題への初歩的な一つのアプローチであったかもしれない。

この国立屋内総合競技場が幸いにも国際オリンピック委員会ＩＯＣから「オリンピック－ディプ

ローオブーメリット」を贈られたとき、ブランデージ会長はつぎのような言葉でその理由を説明した。「スポーツが建築家の仕事を鼓舞し、一方数多くの世界記録がこの競技場につくられたことによってもわかるように、この作品が選手たちの力をかきたてたといえるのではないだろうか」と。

さらに続けて「この屋内総合競技場は、都民ばかりでなく、ここを訪れる人びとに、感銘深い思い出となるであろうし、また幸運にも大会に参加できた人びと、またここで開かれた競技をみることができた美を愛する人びとの記憶のなかに、はっきり刻みこまれるであろう」と。

これらは、私たちに過分の讃辞であった。しかし私はむしろ、そのなかに、重要な問題が喚起されているということに、深い感銘をうけたものであった。

その一つは、建築空間と人間精神のふれあいについて——この建築が成功したか否かよりも——その重要性を指摘されたということであった。もう一つは、記憶されうるような建築空間が、人間形成の場として重要なものである、という考えかたが考えられた点であった。

香川県立体育館の基本的な屋根架構方式は、割合に早い時期に決まっていた。それは側梁にささえられた吊り屋根構造であった。しかし、はじめのころ、その側梁は地面に接して半ば地中に埋まったような姿をしていた。水に浮かぶ舟のように、空中にもち上げるという今みるような案は、知事をまじえて、県の関係の方々と話しあっているあいだに決まったことであった。そのほうが、よほどさっそうとしていませんか、という一同の意見であった。こうした言葉が発せられたということは、スポーツの若々しい精神が、そこに、何かその表現なり象徴を求めていたからではないだろうか。

こうした問題に正面からぶつかったのは東京カトリック大聖堂の設計に際してであった。これは、私たちにとっては、全く新しい課題であった。一つの精神的内容を、現代的状況と条件のなかに、現代的建築技術をもって、どのように一つの空間に象徴してゆくか、という課題であった。カトリック教徒でない私が、この課題にたち向かうことが、はたして正しいことであるのか、あるいは可能であるのか、といった疑問が、まず私を襲った。事実、しばらく私は手がつかなかった。私はむしろ、カトリック的世界について、カトリック精神について理解することで精一杯であった。しかしこうした知識として知っているに過ぎない精神内容を、建築空間に投影しうるだろうか、という疑問はこの大聖堂の競技設計の最後の瞬間までつきまとった。

しかし、また逆にカトリック教徒であるというだけでは、建築家がすぐれた精神的空間を創造しうるという保証は、どこにもないのである。結論的に、私は、こうした精神的象徴であるような空間についても、その創造は純粋に建築的操作に属するものであると考えるようになった。

この大聖堂の献堂式にさいして、ローマ法王パウロ六世から東京大司教ペトロ土井辰雄枢機卿あてに送られたメッセージは、こういう言葉ではじまっている。「栄えある日本の首都東京に、新しく建設された大聖堂の献堂式が、本日汚れなき聖マリアの祝日に荘厳に挙行されるにあたり、心からお喜び申し上げます。長い間の希望がいまや大成功裡に実現され、建築家丹下健三氏の意図によって、日本独特の芸術的要素と、古くからの伝統的な要素とが見事に調和され、新旧の様式をともにそなえた新しい聖なる殿堂として、天に向かってそびえています」という過分な讃辞が贈られているが、しかし、それにつづいて「この新しい聖堂が、まことに、神の家、天国の門として、後世にいたるまで、あらゆる試練にたえ、人びとの心の中に神の住まいとして保たれ続け、宗教的儀式によって高められ、数多くの信徒のつどいの場となるように。またこの聖堂にはいる者だれもが、自分の願うことがかなえられた喜びにひたり、迷えるものは道を見いだし、不安に悩むものは慰めと安らぎを……この聖堂を出るとき、だれもが前よりもよりよい人に変わったように感じ、そこが自分にとってもっとも大切な安らぎの場であるように」と語られている。そこには、大きな期待と希望がこの建築空間にかけられているのである。もちろん建築空間が、こうした精神世界を文字どおりに反映するということはありえないとしても、この聖堂の建築空間が、こうした精神にその場を与えるものでなければならないという強い要求として語られているものである。私たち建築家は、こうした精神世界を空間形態のなかに創りだすすべをよりよく学ばねばならないだろう。それは教会の建築にとどまらず、建築が人間形成の場であるかぎり、こうした無言の期待と要求があるにちがいない。

こうした私たちの、ささやかな体験はまだ、建築空間の精神性といった問題探求の端緒にも達してはいない。世界的にみても、この探求は、ようやくはじまったばかりである。

この問題をさらに一般化していえば、こうもいえよう。「現代の技術は、再び人間性を回復しうるであろうか。現代文明は、はたして人間とふれあう通路を発見しうるだろうか。現代建築と都市は、再び人間形成の場たりうるであろうか。」私のささやかな体験は、これにたいして、イエスという答えを与えようとしているようである。しかしそれは、現代技術が、現代精神の象徴を空間形態のなかに創造しえたときにおいてである、といわなければならないだろう。そうして、それに対しても、私はその可能性を信じている。

（一九六五年六月号）

5 機能・構造・象徴

建築や都市の空間をつくってゆく場合、機能的アプローチはその一つの軸として重要であるが、しかしそれが可能な領域は、その内部において目的手段のあいだの機能関係が成り立つ系においてであることは、すでにふれたところであるが、ここでその系を機能単位とよぶことにしよう。機能単位の固有性を表現すること、つまりアイデンティティファイするということは、いかなる場合にも必要なことだと思われるが、私たちの日南文化センター⑪-⑧や高松一の宮住居団地は、それを意識して出来たものである。

しかし、こうしたアイデンティティの表現も、時に象徴性をおびてくることがある。それは機能内容がメタフィジカルなものを伴ってくるときである。国立屋内総合競技場⑪-⑫~⑮の外形や内部空間にもこうした象徴性は意識されているが、カトリック教会などになると、それが主要な設計意図となるものである。このように個々の建築や空間において、象徴性は新たに現代的意義をもって再び登場しつつあるといってよいだろう。

しかし、機能関係の存在しない系と系のあいだを構造づけることは、今日、第二の、しかも、もっとも重要な軸となっているということは、すでにふれてきたところであるが、こうした構造づけは主としてコミュニケーション――人・情報・物・エネルギー――のフローとして描き出されるだろう。WHO計画Ⅱ-④や東京計画―一九六〇Ⅱ-①②の海上住居棟やさらにMIT計画Ⅱ-③では、その内部空間が、全体のビジュアルなコミュニケーション空間として働くことによって、全体を一つの有機的関連に構造づけている。

国立屋内総合競技場の二つの体育館は、道建築によって構造づけられている。

東京計画―一九六〇の都市軸上の建築群や、電通ビルを含む築地地区再開発計画Ⅱ-⑥⑦、さらに山梨文化会館Ⅱ-⑲では、垂直の道によって構造づけられている。

そうして東京計画―一九六〇の都市軸は、全体として、より高次の交通体系によって、建築群を相互に構造づけている。

しかしこの段階では、構造づけの媒体としての交通体系が、都市体系のなかにすでに象徴的な意味をおびて現われている。スコピエ市都心地区計画Ⅱ-⑳㉑は、シティ-ゲートとシティ-ウォールという象徴的な名でよばれているところの建築群によって、全体の構造的な骨組がより理解されやすくなっている。都市的水準においても、システムやさらにロケーションそのものが、象徴性を必要としているように思われる。

（一九六七年一月）

（本編は、『世界の現代建築』一九六一年一〇月彰国社刊、「建築文化」一九六五年六月号および一九六七年一月号の掲載文より引用）

III　日本列島の将来像

はじめに

私たちの生活環境は、将来どういうふうになるだろうか。日本の国土や都市の構造はどう発展するだろうか。そうして地域開発や都市再開発は、どのような方向に進められるだろうか。

こうした問題に接近するにあたって、私たちが、日々経験しつつあるような問題——交通戦争・水飢饉・住宅難・公害など——をただ現象的にとりあげるだけでは、十分な理解を得ることも、また効果的な対策を講ずることもできません。まして将来像を求めようとするなら、私たちは、問題を文明史的に掘り下げてゆかねばなりません。

私は日ごろから、現代の文明史的状況を次のように二つの側面から考えております。その一つは、現代社会は、またその表現である国土や都市の構造は、成長と変化の激しいダイナミックな様相を示しているということです。現在三〇億の世界人口が、今世紀末までのあと三五年でその倍の六〇億に増加しようとしています。そうして現在七億程度の都市人口が、同じく今世紀末には三〇億に近づくだろうと予測されております。こうした爆発的な人口の都市化に対応して、その生活環境の建設に投入される資本量も加速度的に巨大なものになりつつあります。おそらく人類がこの地表に、数千年にわたって投入してきた全エネルギーよりも、さらに巨大な建設のエネルギーが、今世紀末までの三五年のあいだに投入されることと思われます。これらは人類の生活環境をダイナミックに変化させ成長させずにはおかないでしょう。

では、どういう方向に成長してゆくでしょうか。第二の側面として、次のような文明史的状況を私は心に描いております。それは、社会組織と、国土や都市の空間組織は、より高度に有機体化してゆきつつある、ということであります。無機的なものから有機的なものへ、さらに植物・動物・人類といった自然進化の過程にたとえるならば、現代は、有機体内部に神経系統を整え、頭脳を生みだしつつある段階、つまり人類誕生の段階にもたとえてみることができます。現代の交通とコミュニケーションの技術によって、現代社会は、その体内に制御機構を作りつつあるとみてよくはないでしょうか。

現代はまさしく、文明史的な大きな転換期にあるといえます。そうして人類の支配的な生活環境になりつつある大都市地域の構造やその意味も、革命的な転機にあるといえます。

私はこういう問題意識をもって、東京について、そうして日本列島について考えてまいりました。東京については、すでに二〇年来、私たちの研究室で研究対象としてまいりましたが、一九六一年三月号の「新建築」誌に発表しました「東京計画—一九六〇——その構造改革の提案」は、その研究のうえに立った一つの考え方の提案であります。それは一九六二年五月の東京大学公開講座「都市の将来」で多少補足され、また一九六三年二月号の「世界」誌上にも発表されました。一方、日本列島の将来像について、私の考え方は、一九六三年ごろからしだいに固まりはじめ、一九六四年七月の日本地域開発センターの公開講座「大都市開発のヴィジョン」となり、それが一九六五年一月号の「中央公論」誌上の「日本列島の将来像——東海道メガロポリスの形成」という形をとるにいたりました。

（一九六六年三月）

1 東海道メガロポリスの形成

第二の創世期あるいは少年期にある日本

日本の列島の将来像に接近するために、私は私なりの前提をたてておきたいと思います。それはまた、いままで述べてきたことの要約ともなるでしょう。

その一つは、日本列島は いま未曾有の 大きさと 速さで、その構造変化を はじめた、ということです。あるいは日本開闢《かいびゃく》神話の創世の状態にも比べられるほどの、大きな流動状態といえるかもしれません。あるいは卵が孵化《ふか》する過程の激しい細胞の代謝と流動にも比べられるかもしれません。

人口は激しく流動し、今世期末には現在の三倍の都市地域をつくろうとしています。

こうした人口の都市化に 対応した、フィジカルな 環境の開発と 再開発の ための建設資本の投入は、ダイナミックな様相を呈しはじめました。ここ三、四〇年間に予想される建設のエネルギーは、六〇〇兆円を越えるものであって、それは日本開闢以来の総投資の数十倍にもなるでしょう。

こういう現実を正視すること、しかも、こうした構造の変化を、日本国民の主体的な意志とエネルギーによって建設的にとらえてゆくということ、そこから、将来像を静止したもの、固定したものとしては考えない、ということが、必要になってきます。将来像は、つねに、動くものとして、そしてその動きのなかに均衡を保たせるという立場で描かれねばなりません。

それだけに、過大とか過密とかまた格差といったひずみについて、それを重視する立場をとります。しかし、成長ざかりの少年の洋服が、はち切れそうになったからといって、少年を過大とか成長が速すぎるとはいえません。洋服を改造なり新調すべきだと考えますが、しかし、それが間に合わなくても洋服がはち切れたとしても、少年は多少の圧迫を感じるでしょうが、その旺盛な生命の均衡を保つには異状はないと考えます。

毎年新調する力がないあいだは、三年に一回の新調でもかまわない、その三年のあいだ成長をとめるような方策を講じたりもしない、しかし、新調ができたからといって、——ちょうどわずかなオリンピック道路の完成によって、東京の道路麻痺のことをまったく忘れてしまうような——オポチュニストでもなく、いつでも次の洋服について思いめぐらす、という立場をとりたいのです。

間違ってからだがむくんでくる場合もあるかもしれません。そうして洋服が窮屈になったとすれば、からだのほうが過大であるといってもよいだろうと思います。そのときは、からだのむくみをとることを考えるべきでしょう。しかし、これが正しい成長であるか、間違ったむくみであるかの判断はそうたやすいものではありません。

多くの場合、彼が少年であるのか、青年であるのか、老年であるのかによって判断されるものですが、このような文明史的な位置づけが、まずたいせつになります。そして私は、日本を代謝の激しい少年期と位置づけたいと思っています。あるいは、それ以前の孵化《ふか》の状態とみなすべきかとさえ思っています。ですから、激しい細胞分裂や新陳代謝と、それによって起こされる流動が、大局的には正しい成長の方向を示していると考えているのです。頭ごなしに、おまえたちが東京に集まってくるのは間違っている、といった高ぶった考えをもとうとは思いません。だからといって、自由放任が、もっとも正しい成長の方向を示すものとも考えません。そこで、第二の前提をもちだしたいと思います。

制御機構を重視する

日本列島の究極像を描くことは不可能であり、無意味であるかもしれませんが、しかし日本列島はその有機体構成を高度化する方向に進む、と考えます。それには、まず地域・地区・地点――そこに存在している組織、そうしてそれが演じている機能を意味している――、相互間の連結――エネルギー的と情報的の双方の連結――をもっとも円滑に、もっとも迅速に行なうという均衡条件を満たすことが、有機体生命維持の前提条件となるでしょう。しかし私は、現代の日本列島がおかれている文明史的状況を、その制御機構の創世期だと考えているので、情報的連結を、より重視するという立場をとっています。

この制御機構は、いわゆる管理中枢機能といった狭い領域のエリート組織を意味しているのではありません。より多くの人々の頭脳的創造力が開放されてゆくという人類進化の方向のなかで、それらの頭脳が、相互に弾力的に、情報的に連結されて、日本の文明を推進し、文化を創造してゆく、という壮大な制御機構を、私は今頭に描いているのです。こうした機構の空間的表現を、私は、現代的意味における都市とよびたいと思います。そこには自由があり、多様性があり、変化があり、動きがある。そうして無限の選択の可能性があるのです。

メトロポリス的現実の政策

この二つの仮説的前提にたって私はまず現在とられている政策をみておきたいと思います。

その一つの型は、首都圏・近畿圏といったメトロポリス的構想です。おそらく早晩、中京圏も問題になるでしょう。この構想を日本列島の細長い形にあてはめてみると、この三圏以外の地域は、北海道・東北・北陸・中国・四国・九州と輪切りに分断された形になってしまいます。それは日本を一つの有機体として考えようとする立場からみれば、好ましいものとはいえません。これらはその成立の条件のなかに勢力圏的な縄張《なわば》り意識がある点を考え合わせると、なおさら不適当といわなければならないでしょう。

それぞれの内部を見ると、そこには衛星都市的な思想が支配的です。中心に一、〇〇〇万級の都市をおいて、それに五〇万なり一〇〇万程度の衛星都市――当初は数万の人口の衛星都市が考えられていましたが――が衛星都市的に分散配置されるという形をとっています。しかし、その配置は、あくまで中心都市に対して求心的であって、中心都市の衛星としてしか存在しないものです。この求心的な配置は、衛星都市と中心都市、さらに衛星都市相互の情報的連結を成り立たせるにあたって、ダイアモンド-カットのような錯綜したシステムを必要とし、原始的有機体の神経系にしか現われることのないようなパターンを示します。これは、高度の情報的連結を不可能にするものです。そういう意味で、メトロポリス-衛星都市-コンプレックスともよびうる首都圏・近畿圏構想は、国土の高度な有機体化をはばむ方向にあるといってよいのです。

新産業都市の問題点

一方、新産業都市という政策があります。これは、以上の三圏はすでに過密だから、その外部に新しく工業都市を建設しようという思想です。日本の比較的おくれた地域に衛星都市的都市配置を創りだそうとする考えであるといってよいで

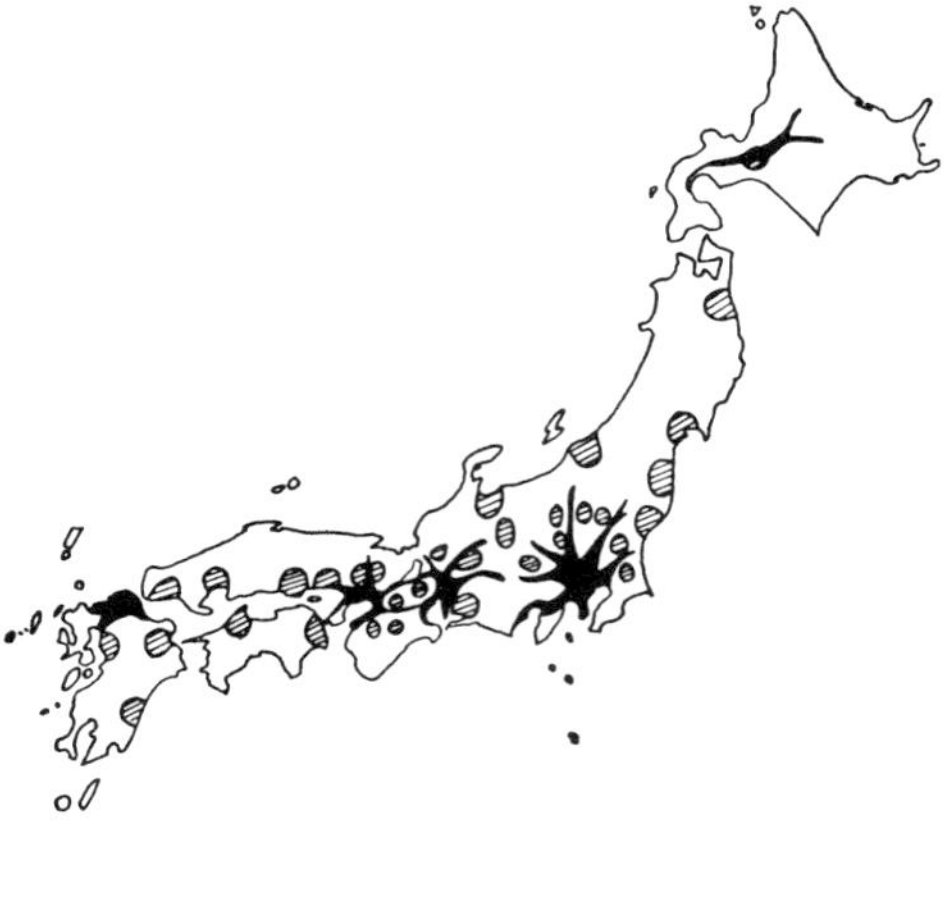

第一図　メトロポリス-衛星都市的に理解された日本列島

しょう。しかし、それだけではじゅうぶんに成熟しそうにないので、基幹都市構想がうちだされました。それは前に述べた三圏以外の地域の中心に管理機能をもった都市を育成して、小規模ではあるが、メトロポリス的構想を創りあげ、その傘下《さんか》に新産業都市などをも従わせようとするものです。そのような意味では、これもメトロポリス－衛星都市－コンプレックスといいうるでしょう。究極的には日本九分割あるいは七分割という広域行政的な、メトロポリス的な形態が構想されているとみてよいのですが（第一図参照）、これらの現在とられている政策的構想は、日本国土の高度な有機体構成に向かう発展に対し、いささか逆行しているように思われます。

東海道メガロポリスの形成

しかし、現実には東海道メガロポリスに向かって資本と人口は地すべりのように流動しはじめています。

固定資本形成について、私たちの研究室が調査した結果によると、一九六〇年では、全国の固定資産の五〇・七％が東海道メガロポリスを構成する主要な一一都府県で占められています。また一九五五年から一九六〇年までの五ヵ年の投資額については五八・六％をも占めていました。資本形成が東海道地域に集中しつつあることを如実に示しているといえましょう。

一九六〇年の日本の人口九、三四〇〇万人のうち、首都圏・東海・近畿を合わせたメガロポリス地域には四、八〇〇万人が住んでいます。そして、日本の都市人口は約四、〇〇〇万人ですから、そのうち七〇％に近い二、六〇〇万人の都市人口が東海道ぞいに住んでいることになるのです。

一九六五年の国勢調査の速報によれば、総人口は九、八二八万人となり、ここ五ヵ年で四八六万人増加しています。一方、東京・神奈川・埼玉・千葉で三一六万人、京阪神で一七三万人、さらに東海四県で八四万人、以上東海道ぞい地域での人口増の合計は五七三万人となり、日本全体の人口増加をさらに上回っています。しかも、こうした地域の人口増は、ほとんど大部分が都市人口の増であることを考え合わせると、一九六五年で、メガロポリス都市人口は三、〇〇〇万人をすでに越えたものと推定されるのです。

いったい、今世紀末、日本の都市人口一億一、〇〇〇万になった状態で、この配分はどうなるのでしょうか。私は、後進地域の農業人口の減少は、後進地域での都市成立の条件をますます悪くしてゆくものと考えています。そうして都市人口の八〇％以上が、この東海道ぞいに移動するだろうと考えているのです。ここに九、〇〇〇万の都市人口を擁する地帯が形成されるでしょう。

この巨大な人口が東京・名古屋・大阪のあいだのどこに向かって流動をはじめるでしょうか。首都圏と近畿圏とが、現在のような競争的立場にたつとすれば、まぎれもなく、この重心は首都圏に向かうでしょう。そうして東京を中心とした大小さまざまの衛星都市群が形成されるでしょう。そして、六、〇〇〇万とか七、〇〇〇万といった巨大メトロポリスを形成してゆくでしょう。

しかし私は、首都圏と近畿圏という政策的な区分を越え、その競争的意識を乗り越えて、現実には、東京―名古屋―大阪の相互の連結がいっそう強固になりつつある、という側面を示したいと思います。そうして私は、日本国土の高度有機体化に向かう方向として、この連結の強化を重視したいと思うし、政策をその方向に変換してゆくことを希望しています。

しかも、自動車にして五時間から六時間、新幹線では現在三時間——このままの設備で数年後には二時間半——で東京—大阪間を連結するのです。このスピードと容量は、将来さらにますます発展してゆくにちがいありません。

今世紀末を考えると、私たちの想像を絶するかもしれませんが、あと一〇年から二〇年までのあいだに、おおよそつぎのような交通体系が予想されます。現在の東海道新幹線クラスの鉄道が日本を縦断し、さらに東海道にはもう一本のさら

第二図　メガロポリス的に理解された日本列島

に高速の新々幹線が完成しているでしょう。また東名・名神クラスの高速道路は日本を縦貫し、さらに東海道には、無人運転高速道路が完成して、東京―大阪間を二時間か三時間で連結するでしょう。

こうした大量かつ高速の人間の交流は、つまり情報的連結がますます緊密になったことを示すものであり、こうした状況を考えるとき、東海道メガロポリスは、すでに一日行動圏内にはいった一つの都市地域と考えてよいでしょう。

二〇世紀後半の都市としてのメガロポリス

こういうふうに考えると、さらにおし進めて日本全体を一つの都市地域と考えることもできるかもしれません。しかし私は、大量の人口の交流が、日々の行動圏内で行なわれる地域を一つのまとまりと考えたいので、いちおう東京―大阪間を一つの巨帯都市あるいは東海道メガロポリスとよんでおきたいと思います。おそらく二一世紀にもなれば、日本じゅうどこにいても必要でかつ十分な情報が得られるというように、コミュニケーションと交通のネットワークができあがるかもしれません。そうなれば日本全体を一つの都市と考える純粋なエクメノポリスの型が考えられるでしょう。しかし二〇世紀後半では、東海道の線上では、どこに住んでいても、少なくとも東京や大阪にいるのと同程度の情報が得られ、都市性が得られるという条件をつくりだすことが重要であり、また現実的ではないかと思います。

かといって、それを狭く東海道沿線だけとは考えようと思っていません。

第二図は、こうした考えを模型的に示したものです。水戸—東京—(東海道)—名古屋—奈良—大阪—徳島を結ぶ一つの流れと、もう一つは宇都宮—東京—(中央道)—名古屋—(名神道)—京都—大阪—岡山と流れる二つの力線が、東京と名古屋と大阪で接するといった一帯の地域を念頭におけばいいと思います。

第一図のメトロポリス的に理解された日本の姿とは、その力線の方向に大きな違いが現われることになるでしょう。つまり、求心的な方向に対して、連帯化の方向であるとみてよいのです。この場合、東京・名古屋・大阪という中心が解消するということではありませんが、その独立性よりも、それら相互の関連性がより重要性をおびてきます。この東海道メガロポリスは東京・名古屋・大阪という三つの中心を含んだ——もちろん、さらに規模の小さい幾つかの中心を連ねることになりますが——一つの総合体、一つの有機体である、ということが重要な点であります。

この東海道メガロポリスは日本の中枢神経系とみたてることもできるでしょう。そこから北東には東北・北海道に、南西には瀬戸内から北九州へと手足を伸ばした形をとるでしょうが、さらにその軸から裏日本に向かって梯子《はしご》状に支線を延ばしてゆくでしょう。そのように日本列島の構造をみたててよいでしょう。

この東海道メガロポリスは、太平洋沿岸ぞいに製造工業の立地適地を求めようとする太平洋ベルト構造とも、その思想においてまったく別のものです。ベルト構造は、神経中枢と手足との機能分化についての認識に欠けています。

現在、これに関連した問題として、その頭脳的役割を果たすべき首都をどこにおくべきかの問題があると思います。結論的に私の意見をいえば、東海道メガロポリスの内部であれば、どこでもよくはないかと思っております。東京湾上に出すのもよかろう、富士山麓《さんろく》において、東海・中央の二つの力線を結ぶ新しい都市を考えるのもよい、あるいは京都と奈良を結ぶあたりに適地を求めるのもよかろう、琵琶湖に新しい都市を建設することも不可能ではないだろう、経済的頭脳としての東京と、政治的頭脳としての新首都が、かりに分離しても、これらが東海道メガロポリス内部で相互の有機的連結が緊密であるかぎり、将来の日本の創造的活動にとって支障はないと考えています。

(一九六五年三月)

2　日本列島の有機体化と立体化——建設投資の理想的配分

東海道メガロポリスが必然的にできてくるものだということと、それが、日本列島の有機体構成を高度にするものだということを、私は述べてきました。この長期的な見通しにしたがって、短期・長期の行ったり来たり《フィードバック》をくり返しながら、日本は、自分の進路を捜し求めてゆかねばならないと思います。それらの究極の将来像を具体的に描くことはたいへんむずかしいことですが、これだけのことはやっておいたほうがよい、というような問題点をいくつか取り出してみることならできそうです。

一、東海道と中央道に、大動脈を建設します。日本で今世紀末までに六三〇兆円の建設投資が予想されますが、そのうち東海道メガロポリスに五〇〇兆円の建設投資（公・私合計で土地買収費を含まない）が予想されるとしてみましょう。私なら、そのうち一〇〇兆円の公共投資は、こうした交通・コミュニケーション施設に投資します。その重点をこの大動脈の建設におけばよいのです。幅にして三〇〇メートルから五〇〇メートルの帯状の土地を、将来起こりうるあらゆる交通技術の変化に対応でき、また交通・コミュニケーションの需要の増大を満足させうるように、確保することが必要です。

二、こうした大動脈と結びつく都市内の交通施設を再組織してゆくこと。現在までのすべての交通網は、中心から放射状に出る道路網、逆にいえば、求心型ハイアラーキーを基本にしてできており、また建設されていたために、大規模な組織替えが必要になっています。一例をあげれば、私の「東京計画—一九六〇」Ⅱ-①②のように、都市の構造を、求心型・閉塞型から、線型・開放型に変え、発展可能なパターンにしてゆくというような大きな構想をもって臨むこと、そして約五〇兆円の公共投資を、東海道メガロポリスを構成する諸都市の再開発と新都市の開発の骨組づくりに用いることができるでしょう。

前記一、二の実行にあたっては、当然、土地問題がからまってくるでしょう。しかし、土地制度は当然変革されるものと考えられます。それは道徳論としてではなく、投資が巨大化し、投資単位が大きくなれば、経済的な必然性をもって、土地制度は変わってゆくものだからです。アメリカがここ五、六年来、再開発事業を円滑にやっているのは、そのきざしの一端がみえはじめたものとみていいでしょう。

三、一方、人間生活に必要な施設——当然これまでの道路なども、動く生活に必要な施設ですが、それを除いた一般の建築物と、その機能を念頭において——、銀行・会社などの執務施設、劇場などの文化・レクリエーション施設、住宅などの施設と、これらの配置の仕方は、ますますコンパクト——高密度と高性能——になるものと考えられます。その理由は、第一には、これからの都市には都市性《アーバニティ》——多様性・混在性、相互の弾力的接触と、その接触の自由選択など——に対する機能的、心理的要求がますます強くなるだろうと思われること、第二には、技術的にも、経済的にも、それを可能にすることが将来容易になるだろうということが考えられます。しかし、一般に、密集形態の一つの欠陥として公害問題がありますが、今後は公害の発生源が、それを阻止する方向にゆかざるをえなくなるだろうと思いますので、公害のないコンパクトな形態が可能になると思われます。そして次には、都市が無秩序に分散し拡散してゆき自然をおかしてゆくことは好ましくなく、週二回、あるいは三回の休日を楽しもうとする将来の市民の立場からは、自然の保護が強く要望されるようになるだろうということ、などからきている必然的な判断です。

週末をすごすウィーク－エンド－ハウスや別荘が分散して建てられたり、自然のなかに建てられたりすることはありうるでしょうが、日常生活は、より便利な都市的な環境で営まれるようになるでしょう。

まず、生活環境施設の中心となる住宅に、一〇〇兆円の投資が行なわれるでしょう。それは公・私それぞれ半分ずつと考えてよいでしょう。これは、一九六〇年の国富調査で、日本の住宅総資産評価額が五兆円に満たないことを考え合わせれば、実に大きな進歩となります。こうした住宅建設に大量かつ巨大化しようとする加速度がつきはじめた現在、もっともたいせつなことは、住宅の質を向上させることです。日本の住宅環境は、世界的にみてもっとも遅れている部面です。この居住水準を高めるためには、いままでのように、物理的にもまた社会的にも耐用命数の短い、いわゆるバラックや過小面積の住宅を建てていたのでは、一〇〇兆円投資しても、それが蓄積して、富として残らないで、ただ消耗してしまうという結果になります。現在、住宅政策そのものの質的転換が必要だと思います。

その他のオフィスビル・工場・文化厚生施設などの建設に、二〇〇兆円が投ぜられましょう。そうして五〇兆円の公共投資が、上下水道・ガス・電気などの各種の公益施設を充実してゆくでしょう。

四、個々の建築的施設を木の葉にたとえるならば、交通・コミュニケーション施設は、幹にもたとえられます。これからこうした幹をインフラ－ストラクチュアとよび、葉に相当するものをエレメント－ストラクチュアとよぶことにしたいと思います。

幹は葉にエネルギーと情報を送り込んでいます。しかし葉も太陽のエネルギーを送り返して相互はエネルギー的に、また情報的に連結されて一つの有機体を構成しております。一般に幹は長い年月にわたって成長し変身してゆきます。しかし葉は年々新しく変わって新陳代謝をくりかえしております。幹と葉はこういう関係にあるといえましょう。

かつて中世までは、道と家しかなく、道という幹に面して家という葉が並んでいました。鉄道ができたとき、鉄道に面して家を建てることは、愚かであることを知り、そうして駅をつくり、駅と建築群との新しい関係ができました。しかし、道の上を自動車が走るようになっても、人々は、その不自然さに気づきませんでした。パーキングがないと道路と建築の連結は維持されないということを知るのに、ずいぶん時間がかかったのです。高速道路ができたとき、はじめて、道路に沿って家を建てることが不可能であることを知りました。ようやく高速道路―緩速道路―パーキング―建築という序列が必要であることに気づきはじめたのです。都市におけるインフラ-ストラクチュアとエレメント-ストラクチュアの連結のされ方はこのように発展し変化しております。

さらに、建築の内部にもパーキングがはいりこみ、また公道がはいりはじめたことに気づきはじめました。大規模なビルでは、エレベーターは垂直の公道となりました。そうすると、たとえば、一つの建物の二〇階と、隣の建物の二〇階とを結ぶ道が必要になってきました。都市の公道はこうしてしだいに空中に立体格子状に発展するきざしがみえはじめています。空間都市が現実の問題として論じられるようになってきました。これからはインフラ-ストラクチュア――幹――と、エレメント-ストラクチュア――葉――のまったく新しい連結の方式が考えだされ、実現されてゆくでしょう。

人間は土地に密着したがる傾向があります。しかし自然の土地は、コンパクト――高密度・高性能――に住もうとすれば、高密度にしようとしても限度がありますし、また上下水道・電気・ガスやその他の設備を装備して自然の土地を高性能にするにも限度があります。そこで人工土地の考え方が出てきました。人工でつくられた起伏があり、あるいは多層になっており、そうして変化のある土地を、インフラ-ストラクチュア――基盤構造――とし、その上に人びとはより密度高くまた高性能に、エレメント-ストラクチュア――建築群――を建設してゆく、という技術も開発されてゆきつつあります。

五、こうしたインフラ－ストラクチュアとエレメント－ストラクチュアの新しい連結の仕方は、今後ますます開発され、都市と建築の形を急速に変貌させてゆくでしょう。しかし、この成長と変化の過程で均衡を維持するシステムとメカニズムを研究し開発してゆくことも、一つの大きな目標となるでしょう。

比較的にいえば、エレメントーストラクチュアの新陳代謝と変化のサイクルは、ますます短くなるでしょう。インフラーストラクチュアは比較的長期のサイクルで成長してゆくでしょうが、ある時点で、構造の変革を必要とすることもあります。こうした構造の変革――メタモルフォーシス――と、日々の代謝的変化――メタボリズム――とを、どのように均衡を維持しながら連結してゆくかという、新しい都市デザインの考え方と技術が必要になってきたのです。

六、このようにして、コンパクトな都市環境を建設するということは、自然を自然とし山野が美しい山野のままであること、海が美しい海であることを維持することを可能にするでしょう。そうして、日本の文化と歴史を保存してゆくことを可能にするでしょう。現在の政策が促進しているような、都市と自然との見さかいもない分散型都市化現象に一ときも早く終止符をうって、自然と歴史を救わなければならないのではないでしょうか。

（一九六六年三月）

Ⅳ

東京計画―一九六〇――その構造改革の提案

私たちは、東京の構造改革の方向をつぎのように提案しました。

一、求心型放射状システムから線型平行射状システムへの構造改革

二、都市・交通・建築の有機的統一を可能にするシステムの探求

三、現代文明社会の、その開かれた組織、その流動的活動を反映する都市の空間秩序の探求

一九六〇年、東京の人口は一、八〇〇万です――五〇キロ圏――。しかしそこでの都市的人口は約一五〇〇万人と考えられます。これに相当する東京の都市的人口は、一九八〇年で少なくとも二、五〇〇万人、そうした東京の将来に対して、私は一九六〇年の時点にたって一つの提案をいたしました。それは「東京計画―一九六〇」Ⅱ-①② とよばれているものです。それについて説明したいと思います。

1　都市軸

都心の概念を否定して都市軸という新しい概念を導入する

まずその求心型の閉じた自己完結的なパターンを、線型平行射状の開いた成長可能なパターンに変えてゆくことです。

たとえば、アミーバとかヒトデとか、そういう原始的な動物ですと、丸っこくて、なんとなく真ん中に中心があるようなかっこうをしています。しかし、人間とまでいかなくても、高等動物になりますと、大体背骨が通ります。背骨に沿って血管も神経系統も、あらゆるそういった動脈が、リニア（線型）に流れ、その線型をした軸上を動いております。人間の体内のコミュニケーション－システムといいますのは神経系統ですが、神経系統の構造も、求心的ではなくて、一つの線型の構造をもっております。血管にしても同じで、もちろん、心臓のようなところに一度は血管が集まってくるのですが、しかし各毛細管からいっきょに求心的に、心臓に血管が流れ込んでくるというようにはなっていません。もしそうだとすれば心臓は爆発するにちがいありません。しかし、幸いなことに、動脈がしょっちゅう循環していて、一定量の血液しか心臓のなかにはいってこない。そういう動脈があります。このことは神経系統についてもいえることで、線型の中枢神経が脊椎《せきつい》を構成しているのです。

いま都心は、あがきがとれなくてどんどん周辺に膨張しようとしています。いわゆる膨張のエネルギーをもっているわけです。ところが無軌道なエネルギーの発散の形をとっています。しかも東京の交通システムは、全部そこに向かって求心的な配置をとっており、都心は理論的には点でしか成り立たないような形をしています。いわゆる都心ですが、その点は一、〇〇〇万を越えたような都市の機能の中心としては、空間的にも、あるいはメカニズム的にも成り立たないものです。

私は、ここで、都心という考え方をよして、都市軸という考え方を提

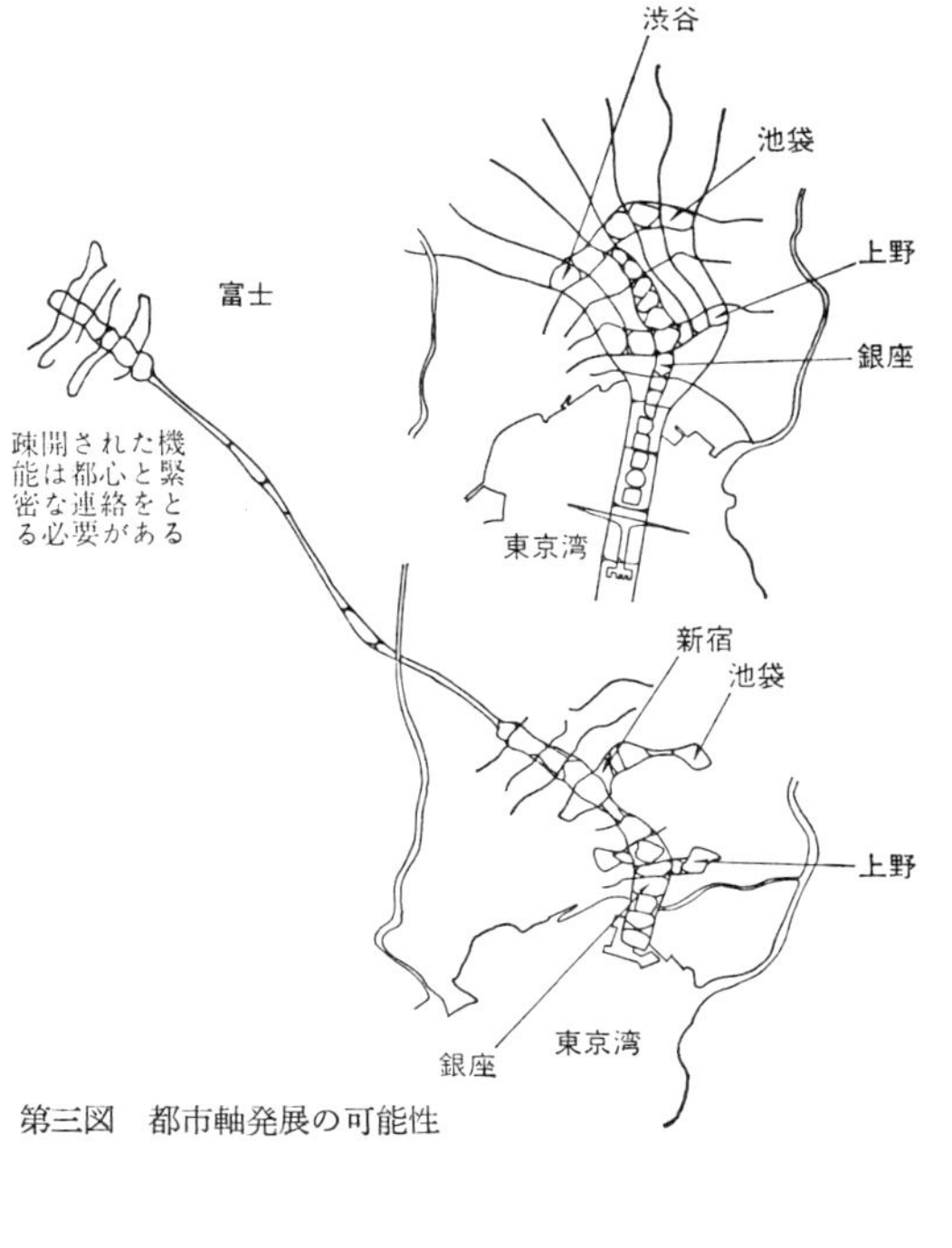

第三図　都市軸発展の可能性

案したいと思います。そうして、都市の動脈と中枢神経系を、ここに設定してみたわけです。

都市軸の発展の方向にはいろいろな可能性が考えられる

しかし、現在の都心と切り離された発展形態はありえません。

都内の再開発による都市軸建設の可能性もなくはありませんが、それはきっと大きな投機的妨害に遭遇するでしょう。

これとは別に、機能の疎開も考えられるでしょう。富士山麓への政治・文教などの疎開です。しかしこの場合にも、現在の都心の線型発展として計画されるべきです。都心との緊密な連絡なしには、分散した機能は、その機能を停止させてしまうにちがいないからです。

しかし、私たちはここで、東京湾上への発展方向を設定することにしました。それは、まず東京湾上では建設のコストは地上に比べて高くつくでしょうが、しかし投機的妨害がもっとも少ないだろうと考えられるからです。地上権のないこの海上では、土地から解放された新しい都市のあり方が生まれてくるだろうという、別の期待もあります。

またこの利権に汚れていない海上に、空間価値を生産してゆくことは、新しい希望をわきたたせるものです。そうしてこの海にかこまれた日本が、海を再び発見してゆくことは当然のことなのです。ほとんどの海岸を工場に占領されて海を失った東京は、再び海を獲得すべきです。海はわれわれにとって、象徴的な意味をもつと同時に、われわれの日常生活のなかでの快適な環境ともなりうるものです。

都市軸は現在の都心を起点として成長する

この都市軸は、現在の都心から出発しなければなりません。それは現在の都心がもっているエネルギーを発展的に受けとめてゆくことが必要であるからです。また現在の都心にある諸機能が、都市軸上の諸機能の中核となるものですし、新しく参加する諸機能は、それとの緊密な連絡なしには、機能を発揮しえないからです。

現在都心において流動する人口は、通勤者を含んで二五〇万ですが、二〇年後には五〇〇〜六〇〇万と推定されます。私たちは、そうした東京の発展と、そこに集まる諸機能の都市軸上への集結をおそれません。

この集結こそ、日本の文明と経済の前進のために、必要であると考えているからです。この発展に応じて、都市軸は、都心を起点として成長していくのです。

現在の都心の諸機能は、その上にサイクル・トランスポーテーション（鎖状交通体系）の環を建設することによって、この都市軸の一環となります。

まず市ヶ谷―東京環、東京―築地環、築地―晴海環を建設します。インターチェンジの場所としては、市ヶ谷の濠《ほり》、東京駅の操車場上部、月島海上を利用します。それらの環は、インターチェンジのところで地表に接触するが、他の部分では、地上四〇メートルまた海上五〇メートルの高さを走っている吊り橋——サスペンション・ブリッジ——の形式をもっているので、市街地では既存の建物の上空を走ることになります。一キロメートル間隔にたつ支柱の土地を確保すれば、その建設が可能です。

この軸はさらに海上に成長していき、都市軸上には、日本の活動をささえる中枢的諸機能が集結します。そこには、まず中央政府と行政の機関が進出するのが適当ではないかと考えています。外国の在日公館、外国商社などもくるでしょう。金融、生産・消費管理中枢、コミュニケーションの中心、さらに技術開発などに必要な研究機関も、それらの産業中枢の近くに集結するでしょう。

それに加えて、デパート・商店・娯楽場・文化施設・厚生施設なども集中してくるでしょうし、ホテルはぜひ必要なものとなるでしょうが、さらに、レジデンシャル・ホテル、あるいはアパートメントが、長期滞在者や、仕事に忙しい人たちのために必要になるでしょう。

日本の中枢的諸機能が集結するこの都市軸は、膨大な二五〇万の通勤人口の定常流を受け入れなければなりません。そうして、また五〇〇～六〇〇万人のこの軸上での流動流を可能にしなければなりません。

この軸のサイクル・トランスポーテーションは、大量輸送——鉄道やモノレールなど——と、個人輸送——自動車——のための道路とを、同一のシステムのなかにそなえています。

動く都市軸は開いた組織、東京の象徴となるであろう

二〇年後、この軸上には、日本の全機能の中枢が集結し、五〇〇万の人びとの活動がこの軸上でくりひろげられます。そうして、五〇〇万の人びとは、相互の接触を求めて激しく流動するでしょう。

この軸のサイクル－トランスポーテーションは、これらのいかなる量の流動にも耐える交通容量をもっています。これは、一時間二〇万台の断面交通量を可能にしています。従来のいかなる高速道路も、こうした量をこなすことはできませんでした。

これは、動く都市軸です。コンベヤーのように、動いている軸です。この流動こそ、東京が本質的に必要としているものなのです。すべての東京の人たちは、これと直角に平行射状に延びた道路を通って、この動く都市軸にはいっていき、この軸上のいかなる地点にも容易に迅速に達することができます。

血液は、いきなり心臓にはいってきません。動く脈線から流出し、またそこに帰還するのです。この動く都市軸は、流動的な都市活動の舞台であり、また象徴となるでしょう。

都市軸は現代の文明史的状況に対応したメカニズムをもっている

私はさきに、現在の文明史的な段階として二つの状況をあげました。その一つは、現代大都市は、成長と変化のダイナミズム（動態過程）をもっているということ、その二は、現代大都市は流動

的なモビリティによって、コミュニケーションを行ない、それによって、有機体生命を維持しているということです。

私の提案は、この二つの状況に対応しています。その一つは、さきほど申しました都市軸が一つずつサイクルが伸びて成長と変化をとげていくことができることです。ちょうど卵から脊椎が成長するときに、脊椎

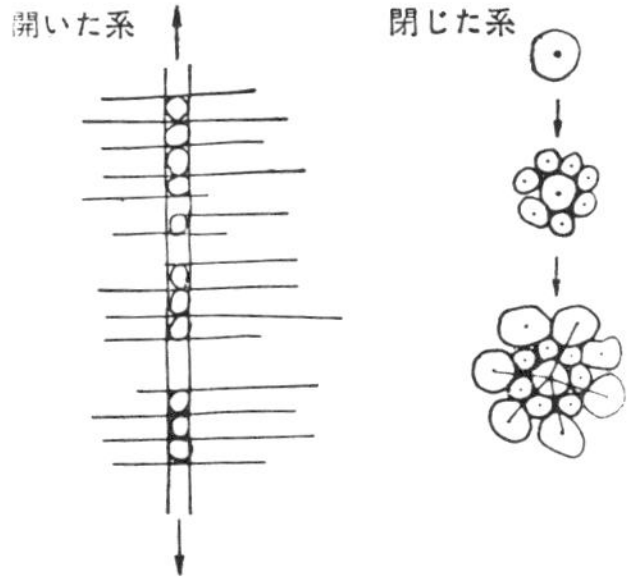

第四図　開いた系と閉じた系

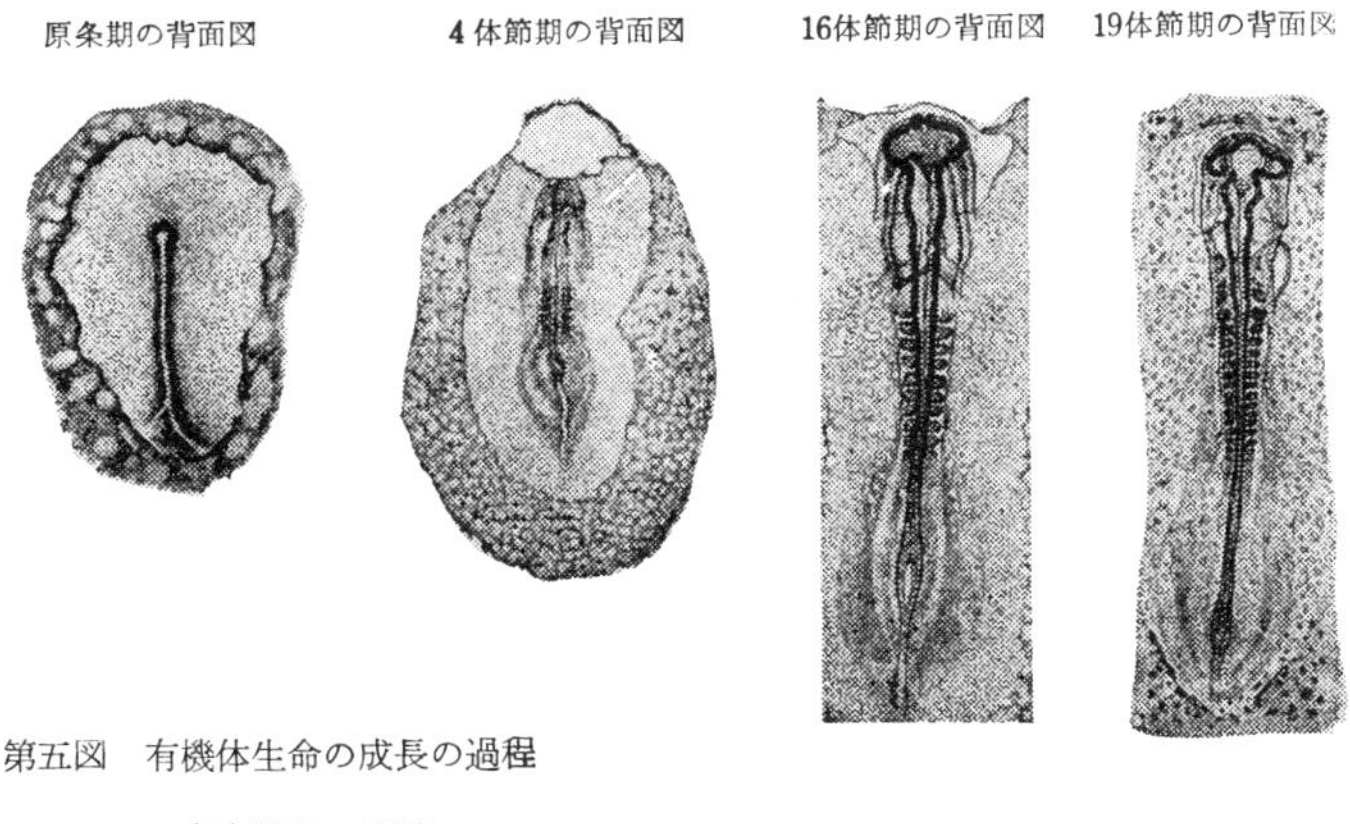

第五図　有機体生命の成長の過程

の環が一四から一六になり、一八になるというふうに伸びていくように、段階的に成長しうる形をとっていますが、そのどの段階をとっても、機能的に完結しているという、つまり成長可能な開かれたパターンをもっています。第二の状況に対して、ちょうど人間のからだの神経系統のような、あるいは血液系統のような、そういうコミュニケーション・交通のシステムをもった都市の動脈となる都市軸は、十分にその状況を反映しています。

（一九六一年三月）

都市軸のサイクルートランスポーテーションのインターチェンジからは、それと直角方向に平行射状の交通システムが展開していきます。

既存の市街地では、この平行射線は、既存の道路と計画中の高速道路を一部利用しながら、またそれと接触しながら建設されます。この平行射状道路も一方交通です。行きと帰りとは、異なった道を通ることになります。別のいい方をすれば、この平行射状道路は、軸から直角方向に投げ出されたループ（環）であるともいえます。そしてこれもやはり環になっています。

新宿や渋谷、また上野などは、都市軸から投げ出されたループによって捕えられ、緊密に連絡されることになります。私たちはこれらの副都心を、将来とも地域的な消費中心と考えています。消費的第三次機能の地域的中心です。そうして、生産的第三次機能は、都市軸に集結すべきであると考えています。しかし、これらは、都市軸とループになって平行射線によって、緊密に結ばれることが必要でしょう。

2　住宅地域

平行射線は、しかし、原則的には、住宅地と都市軸を連絡するものです。それは既存の都内においてもそうですが、海上では、この関係はさらに明確になっています。また海上の平行射線は、都市軸の大量輸送機関と連絡のとれるようになっている大量輸送機関をもった高速道路です。

海上の住宅地の土地造成は、在来の工法による埋立地と、海底から直接に建設する人工地盤——人工自然あるいは人工島とよんでもよい——の二つの方法によって行なわれます。

海を利用する場合、浅い海面は埋立てによるのがいいでしょう。しかしその埋め立てた土地では、大規模な建築をしようとすれば、その基礎をもとの海底よりさらに深いところの堅い地盤まで下げなければなりません。ですから大規模建築は、海底の堅い地盤から直接に建設することを考えるほうがよいのです、人工の島をつくるということです。これについてはあとでまた説明しましょう。

ともかく、二〇年後には、海上の住宅地に五〇〇万人程度の人が住まうようになるのです。

（一九六一年三月）

3　都市間交通と国際交通

都市間交通が、現在もっとも混雑している都心部を通過することは好ましくありません。東海道本線・東北線・常磐線、さらに中央線などの全国鉄道幹線が、混乱のさなかにある都心部の地表を通過し、またターミナルをその中心部にもっていることは、現在の混乱の大きな原因となっています。また広大な操車場が、都心地区で都市機能を分断していることも許されるべきでありません。

私たちは、新東京駅を海上に建設し、川崎までを海底で結んで、東海道線と連結し、海底で船橋と結んで、常磐線と連結し、幹線の通過を東京都心からはずすべきであると考えています。そうすれば、都内の操車場も移設することができます。旅客用は都市軸上に、貨物用は京浜・京葉の埋立地に移設すればよいのです。

この海上新東京駅は、旅客港と一体となりうるでしょう。またこの新東海道線——海底——が、陸地に上陸する地点である現在の羽田は、拡張整備して国内空港とし、千葉側に上陸する地点に新しく国際空港を建設し、これらを一線上で——新しく海底に地下道路を平行して建設し——相互を緊密に連結することが、国内—国際交通体系として、もっとも好ましいことだと思います。

（一九六一年三月）

4 工場地域

すでに急速度で進行中のこの両地域の埋立事業は、ほとんど無計画に行なわれています。東京都・神奈川県・千葉県は、それぞれ無関連に、工場を誘致するために埋立事業を行なっている状態です。これらはまったく無計画な工場用地斡旋《あっせん》事業にすぎません。大企業との個別的な取引によって、海面は無計画に売り渡されているだけであって、なんらの総合的な調整も行なわれていないのです。国民の共通の財産である海が、こうして闇から闇へと売り渡されていいものでしょうか。とくに空気や海水の汚染などの公害を考えるならば、東京の機能と本質的に関連のないこうした第二次機能である工場は、東京湾の外に出てゆくのがよいと思います。しかし、そうすることが不可能である場合にも、まず道路整備・水利計画が総合的に、先行的に計画される必要があるばかりでなく、公害発生の源となるようなことを極力防止しなければなりません。しかし、ここ一五年か二〇年のあいだには、こうした東京湾周辺をよごしている工場はスクラップ化して、湾外に出てゆかざるをえなくなるでしょう。

現在の第一・第二京浜国道のトラック輸送の麻痺状態は、根本的に工業用道路システムの検討の必要性を示しています。これらのトラック交通は、大工場相互間の連絡、大工場と中小工場との連絡、さらに京浜地域と京葉地域との相互連絡の交通がその一半を占めています。他は、巨大な消費市場である東京都への製品や建設資材の供給のために起こる交通です。これらがすべて、第一・第二京浜国道に集中しています。京葉工場地域の発展とともに、急速に京葉国道も麻痺をはじめるでしょう。

私たちは提案します。相互連絡のための工場用道路は、工場地域内に簡単なサイクルートランスポーテーションシステムの道路を建設すればよいのです。そうしてまた、新東海道線と平行して、海底に工業用道路を建設して、京浜・京葉両地域を結ぶことを私たちは提案します。東京への供給には、その外部から、中心軸に向かう供給ルートを建設すべきです。

私たちは、多摩川沿いに川崎から北上してゆく道路と、江戸川沿いに千葉から北上してゆく道路を供給幹線として建設し、そこから内側に向かって都内への供給のルートを考えるべきであると考えています。中心部でいったん集荷して外周に供給するという在来のシステムは、すでに一、〇〇〇万都市では限界にきております。

鉄道貨車輸送も、都内における消費に対する供給と、工場への原材料輸送の二つのものがあります。現在貨物駅が都心内部にあって、都市機能を阻害していますが、その駅自身すでに狭すぎて荷役能力の限界に達しています。これらは都心部周辺での膨大な消費に対応するために都心に存続しているのでしょうが、私たちは、貨物駅を京浜と京葉の両埋立地に新しく計画し、建設し、そうして都心貨物駅を縮小すべきであると提案したいのです。

（一九六一年三月）

5　既成市街地の再開発

この「東京計画―一九六〇」の主目標は、東京の既成市街地の構造を変革してゆくことにあります。そうして、そのための再開発と海上への東京の発展が相互に促進し合うような関係で考えられています。そのことについては、あとの建設のプログラムの項でふれています。

こうしてまた、現在、東京都で計画されている新宿・池袋さらに渋谷などの副都心建設も、より有機的な位置づけを与えられることになるでしょう。

また現在の首都高速道路計画や、地下鉄計画をここで否定しているのではなく、それらは、ここで提案されている平行射状交通システムのなかで、その機能をよりよく果たすようにこの「東京計画―一九六〇」に取り入れられています。私たちは、現在進行しつつある状況を含めながら、しかも新しい方向への東京の構造改革が可能である、と考えています。

そうして現在一、五〇〇万の都市人口をもつ東京五〇キロ圏は、一九八〇年には二、〇〇〇万人口を擁する都市として再開発と開発が行なわれてゆくでしょう。そうして海上の五〇〇万人と合わせて、二、五〇〇万人の都市地域を形成することになりましょう。

ここに紀元二、〇〇〇年を展望することは困難ですが、もし新しい都市設計技術を駆使するならば、東京二三区地域に人口二、〇〇〇万人は収容可能であり、その外周に一、五〇〇万は容易に収容しうるだろうし、五〇キロ圏を埋めつくさなくても、三、五〇〇万の収容は可能となるでしょう。海上五〇〇万人と合わせて四、〇〇〇万人の都市地域は都市設計においてさしたる技術上の困難はないものと考えられましょう。

都市軸については、その時には、既成市街地上の都市軸が、再開発によって建設されて、さらに北西に向かって展開し、池袋を通過して高崎・前橋方面に進展してゆくものと思われます。

（一九六一年三月）

6　新しい第二の都市軸の提案――緑の都市軸

ここにふれようとする考えは、一九六二年のころから、私が東海道メガロポリスという構想を描くようになって、その一部としてでてきた考えです。

「東京計画―一九六〇」で提案しております都市軸は、あたかも東海道メガロポリスの二つの主流――東海道―常磐ラインと中央道―東北道ライン――に直角に交わり、日本列島を中央部で横断する軸であって、高崎・前橋地区まで延びて、裏日本にいたる軸でもあります。私は、この軸は依然として日本の中枢になるような機能の軸として考えたいと思います。

ここで提案したいと思う「緑の軸」は、メガロポリスの流れと平行に走るもので、上野公園を通って文京・神田の文教地区と後楽園をおおい、宮城を通ってさらに赤坂離宮・青山墓地・明治公園を通過し、さらに新宿御苑から明治神宮、そうして代々木の森林公園とスポーツ・センターまで含んだ一連の緑のゾーンになります。これを東京の「緑の軸」として積極的に活用すべきではないかと思います。

この軸にそって、超高速・高容量の交通システムを設定すべきだと思います。今なら、それをつくることが容易にできます。この交通軸は、東は筑波地区に達して、ここから二つに分岐して、常磐線と東北道に連絡されることになります。

西には、多摩丘陵の数千万平方メートルに及ぶ広大な新しい住宅団地に達して、ここから二つに分岐して、中央道と東海道に連結されるのがよいと思われます。

つまりメガロポリスの二つの主流は、東海道―常磐ラインは東京湾上をよぎり、中央道―東北道ラインは大宮あたりで、「東京計画―一九六〇」の都市軸に直接インターチェンジによって連結されますので、これらの東海道メガロポリスの幹線は東京の中心部にはいって来なくて通過してしまいますが、いまの分岐によってこの「緑の軸」に連結することができます。

「東京計画―一九六〇」の都市軸は日本全体の中枢軸だと考えるべきでしょうが、この「緑の軸」には東京五〇キロ圏地域人口集団の中心的施設におくのがよいかと思います。レクリエーション施設・スポーツ施設をも含み、また文化施設――劇場・音楽堂・博物館・美術館――、さらに教育的施設などを含むのがよいと思いますが、地域的行政機関やローカルな第三次機能もこの軸上にあってよくはないかと思います。おそらく、新宿と渋谷は、この緑の軸の一部として編入されることになるでしょう。そうして新しい東京のシヴィック・センターがつくられるでしょう。東京五〇キロ圏の行政的中心としての東京都庁舎 ①-④⑤ なども、この「緑の軸」上にくればよくはないかと思います。いまの狭い密集地区に地域行政の中心があるのは、よいものではありません。

こういうような二つの軸、垂直――「東京計画―一九六〇」の都市軸――と、水平――「緑の軸」――の二つの大きな都市軸を設定して、東京の構造を考えるのがいいのではないでしょうか。「東京計画—一九六〇」の都市軸から射出される平行射状の道路の一つが、この「緑の軸」に成長したとも考えられましょう。そうして、この十字プランは求心型・閉鎖型ではなく、線型・開放型であって、成長可能な発展性をもったものである点は留意されるべきだと思います。

（一九六六年三月）

V

空間都市と人工土地

——都市・交通・建築の有機的統一

現代の交通は、都市・交通・建築の関連を変貌させつつある

自動車交通は、建築と都市の関係を根本からくつがえしつつあります。

しかし依然として、古いシステムがそのまま残っています。そして自動車と、この古いシステムとのあいだに大きな矛盾が現われてきました。現在の都市の混乱の多くは、ここから発生しています。

歩行者と自動車の分離がはじまりました。そうするとハイウェイと建築との関係は、いままでの道と建築との関係とはまったく違ったものになってしまいました。それは鉄道と建築の関係に似てかりにハイウェイに面して建築が建っていても、そこに車を止めることができません。高速道路から緩速道路へ、緩速道路からパーキングへ、そしてパーキングからドアへという新しい交通の序列が必要になってきたのです。

つまり、都市・交通・建築を有機的に統一する新しいシステムが必要になってきたのです。

地上を開放する「ピロティ」

これに対して二〇世紀初頭、近代建築の 先駆者たちは、「ピロティ」——地上を 柱だけの空間として開放する方式——を提案しました。

これは、流動の激しい地表の社会的空間と、仕事と生活のための私生活の静かな空間とのあいだをつなぐ空間として、提案されたものでした。車は地上を流動しても、上部の私生活の空間はそれ

にわずらわされることがないのです。

このピロティを、私も、広島計画①-①②以来ずっと提案してきました。東京都庁舎①-④⑤では、このピロティ部分が、二層に分けられていて、地表は車に開放し、中二階は歩行者の専用にあてられました。私は都庁舎の総合計画において、このシステムをより発展させたのです。そして一般にこの方式は、都市再開発の有力な方式になっています。

都市と建築をつなぐコア-システム

もう一つ新しい建築の方式に、「コア-システム」というものがあります。そして私もそれを提案しているものですが、それは、建物内部の上下の交通つまり階段やエレベーター、さらに設備の動脈、上下水道管・電線などの設備を一つのシャフトにまとめて、建物の中核体とする方式です。都市にも、交通と設備の動脈が走っていますが、この建築のコアは都市の動脈の枝になるのです。このコア-システムは都市と建築をつなぐものであるともいえるでしょう。

私はコア-システムによっていくつかの建築を設計しました。都庁舎もそうですが、それがはっきりしているのは香川県庁舎①-⑥⑦です。ここで一本のコアの回りを建築空間がとりかこんでいます。倉敷の市庁舎①-⑭~⑯はこれを二本にしたものです。

ピロティとコアの統一

私は、このピロティとコアとを統一したシステムを提案しています。それは、コアを柱として建築をつくり、いわゆる柱というもののないピロティ空間をつくってゆくシステムです。

ピロティは、社会的空間と私的空間をつなぐ空間であり、自動車の流動と、静的な建築空間との緩衝地帯です。

実現はしていませんが、私は静岡にアパートを設計したとき、コアとピロティを統一するシステムを考えていました。コアが建物をささえる柱になっていて、いわゆる柱という柱が何もない建築の形態です。コアとコアのあいだに長い梁をかけ――倉敷やこの静岡の場合は二〇メートル前後のものですが――、床をつくってゆくシステムです。こうすることによって、地表階（一階）は、コアだけしかないピロティ空間ができるわけです。柱という柱がないこのピロティ空間は、自動車の流動に対しても、また人間の戸外の動きに対しても、とても快適なものです。

交通と建築との有機的結合による空間都市

そして、このシステムは、この「東京計画――一九六〇」(Ⅱ-①②)ではサイクル－トランスポーテーション（鎖状交通）と有機的に統一されるようになっています。

サイクル－トランスポーテーションの一つの環（サイクル）は、多層のパーキングをもつ都市の地域単位となっていますが、人は、そのパーキング－スペースで車を降りて、そこに根をおろした個個の建築物のコアにはいってゆき、そして、エレベーターを上ってゆくと、目的の場所に達することができるのです。都市の地域単位と道路システムとは、こういうふうにかみ合わされます。道路・インターチェンジ・パーキング - スペース・建築空間のあいだに、そして、高速、緩速、人の速度、停止のあいだに、空間の秩序とスピードの序列が生まれ、都市空間は新しい生命をとりもどすでしょう。

「東京計画―一九六〇」の都市軸上の建築は、こういうふうにコアとピロティが結合したシステムによっています。そうして、このシステムは、都市・交通・建築を有機的に統一するうえに有力な手がかりとなります。

コアになっている高さ一五〇メートルから二五〇メートルほどの塔が、パーキング - スペースである人工地盤の上に建っているのです。

この塔状コアは、二〇〇メートル間隔に建っています。もちろん一〇〇メートルでもよいし、いくつかのスケールの組合せでもかまいません。それを柱として、そのあいだに橋をわたしてゆくのです。橋といっても、一〇層か二〇層もある建物そのものが、橋になるのです。

地表面――パーキング - スペースの屋上――は、このコアが二〇〇メートル間隔に建っているだけで、ほかにはなにもありません。この地表面は人間が歩行するだけで、車は走らないのです。

都市軸のサイクル - トランスポーテーションの最小単位の環は、内法一キロメートルの正方形の地域単位になっています。この地域単位が、また建築を建設してゆく作業単位――オペレーションースケール――でもあり、また建築と交通とを有機的に統一する単位でもあるわけです。ここで、建築の原型《プロトタイプ》になるものは、二〇〇メートルのグリッド上に配された垂直のコアと、コアのあいだに架けわたされた一〇層ないし二〇層のオフィス群です。

この垂直のコアは、エレベーターやパイプなど、人間とエネルギーの垂直モビリティをささえる装置をそのなかにもった三二メートル角の柱です。それに外壁が耐力壁となったオフィスの建築が必要に応じて架けわたされるわけで、外壁は全体がトラス（三角形によって構成されている梁）状に組まれています。オフィスやホテルなどは両側のトラスに、水平のスラブ（床）がかけわたされ、そのなかにさしこまれるかたちになります。このオフィス群は基本的に四〇メートル以上の空中にもちあげられ、また垂直コア自体の高さは一五〇メートルから二五〇メートルになるでしょう。四〇メートル以上の高さで二〇〇メートルのスパン（間隔）をもった空間建築は、地表の自動車の流動流にちょうどよく対応するスケールと空間感覚とをもっています。そして、垂直コアは建築群をささえる柱となって、地区全体の交通設備の動脈となります。この建築群は、これまで、私が求めてきたピロティとコアーシステムをもった建築を、都市的なスケールのなかで発展させたものです。

空間都市の現実的な適用

私はこの方法をつかって東京の築地地区⑪-⑥を例にとってその再開発の計画をたてました。写真に示されているようなものです。またこの考えを、一つの建物のなかに実現したものとして、山梨文化会館Ⅱ-⑲をごらんに入れることができると思います。

土地利用から空間利用へ

建築空間は、規則的な秩序をもって配置された垂直コア間に、必要に応じて自由に架構されます。その位置・方位・レヴェルなどは原則としてその時々の需要にしたがってつくられるのですが、このシステムによると、その周辺に形成される空間を意識しながら、計画的に、閉鎖的でなく連続した都市空間《アーバンースペース》を構成することが可能になってきます。いわば、これまでの都市計画における土地利用計画を、組織的に空間利用計画におきかえることになります。

おそらく、このような空間建築は、既成市街地の開発にも適用できるでしょう。そのときには、垂直コアの地上に接する部分にパーキングが幾層か計画されます。地表は自動車・人などの流動流に対応する施設だけにあてられ、それらを垂直コア付近に集約することができるならば、大きな柱になる垂直コアとその周辺だけの最小限の土地取得で、それを足がかりにして、空中に都市を建設してゆくことができます。その建設にあたっては、また、地上の活動を乱すことなく、空中に都市がつくりだされてゆくことになるでしょう。

人工土地または人工自然

「東京計画―一九六〇」の海上住宅地域の建設は、一方では在来の工法による埋立てによる宅地造成と、一方では立体的な人工土地の構築によって行ないます。

住宅地域の宅地造成は、一方では海底の土砂を利用するサンドポンプ工法の埋立て――現在埋立ての多くはこの工法によっている――を行なうことができます。この「東京計画―一九六〇」で陸地になっている部分はこれによっています。しかしこうした埋立ての地盤は堅固ではありませんので、この上に高層建築を建てることができません。もし建てようとすれば、その基礎を、埋立て以前のさらにその底の堅い地盤まで下げなければなりません。これでは二度手間になります。ですから埋立てをすることをしないで、直接、海底から建設したほうがよいわけです。そこで一部の埋立てのための土砂の移動によって海底表層の薄くなった部分には、直接、その下の堅い地盤の上にコンクリート基礎を立て、その上に大架構の立体的な人工土地を架けわたす方法が考えられます。この二つの方法の併用によって、他の地域から土砂を運搬する必要はなくなります。海中に基礎を立てる場合、柱間スパンをこまかくするよりも、間隔を広くとって、基礎を集約化することが合理的です。この集約化された基礎の上に乗る人工土地の大架構の形態については、いろいろのタイプが考えられます。

三角形の、合掌型の断面をもった架構は、吊り構造でできており、三層おきに架けわたされたコンクリートの人工土地――ここにはガス・水道・電気などのパイプラインが埋め込まれている――の上に、工場生産化された住居部材が、各自の好みに応じて組み立てられ取り付けられることになるでしょう。大架構の上部には各自の自由な好みに応じた変化のある住居群が積み重ねられてゆくでしょう。住居棟の下方の裾広がりの部分には、二列ないし三列のテラスハウス群が建ち並ぶ予定です。こうした人工土地の手法は、土地を立体的に創りだす方法ですから、土地の十分でない都市内部を再開発してゆく有力な手法となるものです。コンパクトで合理的な都市や住環境をつくってゆくうえに大きく貢献するものだと思います。

（一九六一年三月）

VI

現代都市と人間性——現代都市における人間性豊かな空間秩序の回復

現代文明のもつ超人間的尺度

現代の文明社会、そしてその活動中枢としての一、〇〇〇万都市、その都市空間は、新しい技術がもたらしたスピードとスケールによって、その秩序を攪乱されつつあります。

中世の広場、そこに建つ教会あるいは市庁舎、それらはそこに群がり集まる群集にふさわしい規模のものでした。そして、それを中心とした放射状にのびてゆく街並みのヒューマン‐スケールとは、諧調のある統一をもった、都市空間の秩序ある序列を構成していました。

しかし現在、そうした市街に、巨大なスケールをもち、高速なスピードをもってそこを走るハイウェイが突入してきました。人間性を越えた規模、スーパー‐スケールといってもよいようなこれらのスケールは、一九世紀あるいは二〇世紀前半に建った建築のもつ人間らしい尺度――ヒューマン‐スケール――と、なんらの調和も秩序ももっていません。

しかし、現代の資本の蓄積は、これらの建設規模のスケールをますます巨大なものにしてゆくでしょう。そして、かつての都市空間の秩序体系を根底からくつがえすものとなるでしょう。これらは時間的にも長く使うことのできる都市の大きな骨組を構成し、そして新しく都市空間のシステムをきめてゆく大きな要素となるでしょう。

この巨大さも、しかし時速一〇〇キロで走っている目からみれば巨大ではありません。現代のスピードと流動は、こうしてスケールの巨大化をますます促進させるでしょう。

永遠に変わらぬ人間の尺度

しかし一方、人は一メートル足らずの歩幅で歩いています。この変わることのない人間的スケールが、われわれの周囲をとりかこんでいます。あらゆる生活の道具、ラジオ、テレビ、台所用品、そして住宅、これらは、しだいに工業生産化され、個人の自由な選択によって求められ、そして捨て去られてゆきます。その社会的、構造的耐用命数は、短い周期で回転してゆくでしょう。個性、自由への意志、自発的な行動は、技術の支配に対立するものとして、ますます強くなってゆくでしょう。住居・庭・道・広場という空間の系列でも、人は、自発的な選択で、自由に動いてゆきます。このような自由への欲求は、今後ますます拡大してゆくにちがいありません。

個人と都市をつなぐもの

この二の極――よりメイジャー（巨大）なもの、つまり個人の自由選択を規制し長期にわたって時代のシステムをきめてゆく構造、そしてよりマイナー（小さい）なもの、個人の自発性にもとづく自由を許し短い周期で変化してゆくもの――のあいだの断絶はますます深まってゆくでしょう。しかし別の見方をすれば、また巨大な空間とそのスケールは技術の進歩とともに変身し続けるものといえましょう。逆に短い周期で変化し新陳代謝してゆくようなマイナーな物質や用具はつねに変わることのない人間的スケールによって支配されているともいえます。この二つの極――長期に耐えるメイジャーなものと、短期の周期で変化するマイナーなもの、しかしつねに変身してゆくメイジャーなスケールと永久に変わることのないマイナーなもののもつ人間的スケール——を有機的に関連づけ、都市空間の新しい秩序を探求してゆくことは、現在、重要な課題となっています。

巨大なスケールと人間的スケールの共存

「東京計画—一九六〇」Ⅱ-①②の都市軸上では、いちばん低い人工地盤の近くには、数層のショッピング・センター、オーディトリアムなどがいままでと同じような人間らしい尺度《ヒューマン・スケール》によって配されます。そこには多くの歩行者の小路と、群衆の動く大小の広場がつくられます。ここは、歴史的、人間的な、これまでの都市のようすと同じです。

このように、私の提案する空間建築は、歴史的な私たちの都市を生かし続けながら、新しいスピードとスケールに対応する建築をその頭上の空中に創るものなのです。これからの都市では、新しいものと古いもの、超人間的スケール、時速一〇〇キロの超スピードと人間の歩幅といった二つの極が共存することになるでしょう。これらのあいだに橋を架けること、技術と人間とのあいだに橋をわたすことが現代的課題となってきました。それは、序列ある連続を創りだし、あるいは対比する分離を創りだして、そこに共存の新しい秩序を発見してゆくことだと思います。

共存の空間秩序

しかしこの共存の空間秩序は、もはや中世都市のような求心的、連続的なハイアラーキー（序列）

をもつことはありえません。

都市空間は時間によって体験されるものです。中世の都市空間は歩行する時間の推移によって、とくに求心的な歩行によって、高調してゆくシークェンス(時間的秩序)でした。

しかし現代、この流動的な都市においては、歩行のスピード、自動車のスピードが交錯し、またその方向も流動的です。求心的な閉ざされたものではなく、開いた流動です。そして現代の都市空間の秩序は、より豊富な内容をもつことになるでしょう。さらにそれらの構成においても、連続と分離、調和と対立とをともに含んだものになるでしょう。システマティックな体系をもつ空間秩序から、自由なグルーピングによる無秩序な体系までを、ともに含んだものとなるでしょう。

空間構成における自由と秩序

私は、この両極の空間体系について提案を進めてきました。倉敷市庁舎①-⑭〜⑯、MIT計画⑪-③、WHO計画⑪-④、そしてこの「東京計画—一九六〇」における都市軸上の高層建築、海上の住居単位は、よりシステマティックな空間体系のなかに自由を求めようとしてきた方向であり、香川の住居団地、「東京計画—一九六〇」において地表の建築群などは、より自由な無秩序のなかに、秩序を求めようとしている方向です。秩序のなかに自由を、そして自由のなかに秩序を、この両極から、新しい現代都市の空間体系は創造されてゆくでしょう。

秩序ある空間体系のなかに自由を求める

倉敷市庁舎の場合、私は広場の空間に対応するメイジャーな架構をまず考えました。それは集団としての人間的スケール――マス－ヒューマン－スケール――と私がよぶスケールに対応させたものでした。それから、建築の内部の人間的空間に対応して、よりマイナーな部材の自由な組合せを考えました。それは広場から内部空間への空間感覚の時間系列、シークェンスを考えていたのです。マサチューセッツ工科大学（ＭＩＴ）で学生たちと海上の住居単位――二五、〇〇〇人の住居単位――を計画したときには、自動車をその内部に入れ、さらにパーキングをも、その内部にもつような大きな架構を考えました。自然の形相が生活空間を規定し、秩序づけているように、この自動車のスピードに対応するような大きな架構は、空間体系を規定し、秩序づけてゆく手だてになるものです。私はこの大きな架構を「人工自然」とよんでいます。そこでは、起伏があり、明暗があり、変化にとんだ空間がつくられています。そのメイジャーな架構の空間体系のなかに、個々の住居が、個人の自由な選択によって、また、自由な配列をもって、とりつけられてゆく、というふうに考えています。秩序のなかに自由を求めてゆく方向です。ＷＨＯ（国際連合世界保健機構本部ジュネーヴ）の指名競技設計のさいも、私は、大架構のなかに自由な空間をつくってゆくことを提案しました。東京湾上の合掌のかたちをした住居単位もこうした考えに立脚しているのです。

「東京計画―一九六〇」の都市軸上のコア－ピロティ型の建築群――空間都市――は、自動車時代に対応したスケールをもった一つの空間秩序を示したものです。

自由な空間の組合せから秩序を創る

私が高松市の住居団地で提案している考えは、逆に、個々のエレメントの自由な組合せ、むしろ無秩序な組合せ《グルーピング》のなかから、秩序を創ってゆくという方向をもっています。ここでは、個々の住居エレメントは自由に組み合わされながら、変化ある空間を構成してゆきます。空間のハイアラーキーとシークェンスは、自由で、流動的であり、マイナーな空間から、よりメイジャーな空間へと、つねに開かれた空間の系列をつくってゆきます。私はしかし、その自由のなかに秩序を求めました。ここでは、空間を仕切っている石垣の塀が——それは都市設備・上下水道・電気などの系統をなすものですが——、この空間体系を秩序づけてゆく手だてとして導入されています。

また、「東京計画—一九六〇」では、都市軸上の地表面は歩行者専用の空間です。この地表面では、マイナーな建築が——ショッピング - センターや、劇場などの——こうした自由な配列のなかに、秩序を求めてゆく方向で考えられています。また、海上の埋立地の上に建つマイナーな住居群も、こうした考えで配置されています。

私的空間と社会的空間を組織づけるもの

私的空間から社会的空間にいたる、都市空間のさまざまな段階に序列を与え、有機的に組織化しながら、それらを明確に、都市のなかに位置づけてゆくことが必要です。住居地域についていえば、子どもたちの遊び場やささやかな集会スペース、多目的ないくつかの大きさのオープン - スペースを経て、大規模な運動・レクリエーションースペースにいたる戸外空間の序列、幼稚園・小学校・中学校などの教育機関やその他の社会的施設の序列、パーキング・交通・広場・道路などのコミュニケーション空間の序列など、それらの広がりと尺度を有機的に体系化し、住居群とからみ合わせながら、流動し連続し、拡大し縮小するダイナミックな総合体として構成することが必要です。ここで提案されている合掌形をした「人工自然」または「人工土地」の大きな架構は住居集団を構成していますが、そこには、それらの空間がその開口部や内部をつらぬいて立体的に配置されており、埋立地部分の住宅地については、主として平面的な広がりをもって配置されております。

しかし、このような都市空間の組織は、都市の社会組織と一義的に対応するものではありません。社会組織は都市空間の構成に影響を与えますが、そのすべてを決定しません。また逆に、都市空間の構成は社会組織をある程度規制しますが、そのすべてを決定しないことももちろんです。しかし都市空間のこうした組織化は、つねに進歩し変身するテクノロジーと、つねに変わることのない人間性とのあいだに、調和と対立を含んだ新しい共存の秩序を生みだすものとして、それ自身固有の存在形態と価値をもっているのです。

(一九六一年三月)

(Ⅲ編からⅥ編までは、『日本列島の将来像』一九六三年三月刊講談社現代新書より抜粋)

Ⅶ　設計の経験

1　国立屋内総合競技場の経験

一九六四年一〇月一〇日、快晴にめぐまれて、第一八回オリンピック東京大会の開会式は、おごそかに、はなやかに行なわれた。そうして一〇月二四日、友情あふれた雰囲気につつまれて、九八ヵ国からの参加者は、閉会式場から去っていった。このあいだ、忘れがたい幾つかの感激的な場面がくりひろげられた。そうして今なお、平和な余韻をただよわせているかのように、オリンピックの競技施設は、多くの人びとを吸いよせている。

私たちが設計を担当する栄誉を与えられた国立屋内総合競技場も⑪-⑫~⑮、つつがなく役に立つことができたことは、私たちにとって、この上もない喜びであるが、それにつけて、その間、ご指導やご協力を賜わった方々にたいする感謝を身にしみて感じるしだいである。

この機会をかりて、はじめての企画の段階から、終始ご指導を賜わった組織委員会・文部省・建設省の方々、とくに組織施設特別委員会の委員長岸田日出刀博士、同副委員長中山克己氏、高山英華博士に心からの感謝をささげたいと思う。

ちなみに、設計は、構造設計を坪井善勝博士とその研究室のメンバーが、設備設計を井上宇市博士とその研究室のメンバーが、さらに、建築設計と以上の総括を私、丹下と、神谷宏治氏以下の都市・建築設計研究所のメンバーが分担し、一九六二年一月から一九六二年末までの約一ヵ年のあいだ、緊密な協力のもとに行なわれた。しかし、こうした新しい技術の開発にあたっては、設計段階と施工段階との間のフィードバックがしばしば必要であった。そして、この設計のフィードバック作業は工事期間中、その完了まで間断なく継続された。この段階で、監理を担当された関東地方建設局の方々、施工を担当された清水建設と大林組、さらにそこで、それぞれ屋根工事を担当された汽車製造、日本鋼管、さらに天井工事を担当された昭和アルミその他の技術陣からの助言や協力は、まことに貴重なものであった。深謝の意を表したい。

この国立屋内総合競技場は、二つの体育館と、それらを結ぶための建築から成り立っている。主体育館は観客約一五、〇〇〇人を入れる水泳場で、冬期にはアイス－スケート場になりうる設備をもっている。付属体育館は約四、〇〇〇人を収容するバスケット場としてオリンピック時には使用されるが、その他の用途も考慮されている。この二つを結ぶための建築は、管理室とか、食堂といった部分と、純粋の道や広場から成り立っている。

しばらく、その設計をかえりみて、思いつくことを申しのべてみたい。まず、設計にあたって問題になったのは、主体育館の巨大な空間——つまり空間そのものと、空間をささえる構造——のことであった。構造に関しては、坪井博士とその研究室のメンバーの人たちのディスカスを通じて描かれたいろいろな可能性のなかから「吊り構造」が選ばれたのは、割合に早い時期であったかと思う。

鋼は、現代建築技術のもっとも重要なささえとなっているものである。そうして、その特質は、その張力にあるが、それはますます高張力に向かって発展しつつある。この張力をもっとも積極的に、合理的に利用することは、現代建築の方向を示すにちがいないというようなものがあったからである。

こうした巨大な空間は、空間そのものとして、いろいろな問題をもっていた。その一つは、こうした巨大さは、とくに、オリンピックが終わったあとの平素の利用に際して、人気のないこうした空間は、非人間的になりはしないか、という不安であった。このために、私たちは一つの可能性として、プールをとりまく観客スタンドを小空間に分割するような空間組織について研究をはじめた。

しかし主力は、一体的な巨大空間を、いかにつくってゆくか。観客と競技参加者とがもりあがる感激をともにしうるような空間、しかも圧迫感のない開放された空間、一五、〇〇〇人の観客の流動が機能的にも心理的にも、円滑に行なわれる空間を探求することであった。さらに、主体育館と付属体育館――あるいは将来さらに他のものが加わる場合にも――それら相互が呼びあうような緊張関係をつくり出しうるような空間を求めることであった。私たちが分割案を捨てたのは、競技者と観客とが一体となってもりあがるような競技空間をつくるのが困難であるということ。外部からこれだけの収容力のある競技場の存在を見ることができないということ、これらの理由によってであった。一方、一体的な空間組織について先にふれたような所期の空間を「開かれた空間」として概念づけながら、それを、「吊り構造」という技術を通じて実現しうるという予感をもっていたからであった。そのころ、ほぼ、今見るようなものの基本形がかたまったといってよいだろう。

次のむずかしさは、設計過程におけるコオーディネーションの密度をたかめるという作業であった。主体育館では、その中心軸は、ちょうど吊り橋のように二本の脚柱のあいだにケーブルが架けられ、その両端のバックーステイはデッドマンにアンカーされて安定している。この中心軸に対して左右にそれぞれ三日月形をしたスタンドがずれて配置されている。このスタンド上端はスロープになっていて観客の主要な導線になっている、と同時にこの空中に弧を描いているスロープは、構造的には斜めに立った巨大なアーチとして作用している。屋根は中心軸の主ケーブルとスタンド上端とのあいだにかけられた数多くの枝吊り鋼で構成されている。二本の平行な主ケーブルはそれによって引っぱられて、中心軸に紡錘形のさけ目ができる。これがあとでトップライトのゾーンとして利用されることになる。一方、スタンド側にかかる引張力は、上段スタンドのスロープにそって流れ、脚柱の基底部に達している。また枝吊り鋼がつくりだす凹なカテナリー面と凸アーチ型のスタンド上端にそって主軸に平行に張られた押え鋼は相互に凹凸というネガティヴな関係をもつダブルーカーヴの曲面を構成して、安定した構造面となっている。私たちは、こういったコオーディネーションを一歩一歩探しあてていった。また、構造や設備との協同のなかでも、相互のコオーディネーションの密度を徐々にたかめていった。そうすることによって、空間を構成する諸要素は、互いにその関連をときほぐしがたくしていった。たとえば、スタンドの視線条件、スロープの勾配、主ケーブルの下り率、枝吊り鋼を各接点で直角に押えながら走る押えロープのアーチ性状、これらすべての要素が、力学的にまた寸法的に微妙に関連しあっており、どれ一つも単独に決定することができない。しかし設計の作業は、多くの分担者によってすすめられている。あるひとりが、たとえば枝吊り鋼の下り率を多少変えたとする。するとその影響はとめどもなく予想もしなかったところにまで波及して、客席の勾配にまで達する、といった具合であった。こうしたフィードバックは、空間・構造・設備の相互の間だけでなく、空間設計の内部にも、しばしば起こった問題であった。

作業の分化が進行すればするほど、各分担者は、どうしても全体像なり、分化した要素のあいだの相互関連を見失いがちになる。こうしたコオーディネーションの仕事は、施工段階までもちこされた。そうして、このコオーディネーションの仕事は、予想をこえて困難なものであった。

設計の段階で、空間設計だけでも二〇人あまりが協同していた。常日ごろ、仕事をともにしている連中ではあっても、やはりそれぞれ強い個性をもっている。寸法や形態に対するとらえかたにおいて、また材質や色調に対する感じかたにおいて、それぞれ個性的である。

しかも、こうした不定形な空間をあつかう場合、そのよりどころのなさのために、それぞれの個性は、ともすれば生のまま現われがちである。しかし、こうした建築で、もっとも必要なことは、造形的統一なのである。

尺度については、私たちが使いなれたモデュロールが、その統一を計るのに役立ったように思う。しかし、こうした巨大な空間、一〇〇メートル単位で測るような尺度と、センチメートルを単位として測らなければならないような尺度のあいだをつないでゆくということは、私たちにとっては予想以上にむずかしいことであった。

形態感の統一も、この場合、吊り構造からくるカテナリーがもつ形態が一方の基調になっている。しかし、こうしたカテナリーを成り立たせるためには、それをささえる基底が必要である。カテナリーをなすものは鋼の張力であり、基底部に必要なのは、コンクリートの圧縮力である。私たちがアーチとアーチの変形としてのコノイド面を、コンクリートの圧縮力の表現として導入してきたのは、かなりあとのことであった。こうして、金属的なカテナリーと、コンクリート的なアーチ状コノイドが互いに反発しながら均衡を保つというかたちが、ここでの形態感の基調になったのである。

今見るように、二つの体育館がその開いた口を向かいあわせて、緊張関係をつくるといった配置は、体育館の形の決定と同時に、予定されていた。しかし、それが確固とした関係づけを与えられたのは、設計のかなりあとの段階であった。それは、この関係づけに、道、道の建築、広場といった手だてを導入することを試みたときであった。その転機にあったのは付属棟とよばれている長い道のような建築を、二つの体育館のあいだに付設したときであった。これは、廊下がその主要な機能になっているような建築である。それにそって管理諸室があるが、そのおもな機能は主体育館と付属体育館への管理者側の接続である。その両端に、食堂と練習プールがある。そうしてこの建築の屋上は歩行者のプロムナードになって、原宿口と渋谷口、主体育館と付属体育館とをつないでいる。

この屋上プロムナードは、普通の道プロムナードとつながり、あるいは立体的に交錯して、変化にとんだ「道空間」をつくっている。その道が、立ちどまってところどころ広場になっている。

設計の段階で、一つだけ残念に思ったことがある。それはこの敷地と外部の都市空間とのあいだの関係についてであった。

一つは景観的にみて、この敷地の広さは、こうした巨大な建築をおくには、やや狭きに失したということ、それは、機能的にみても、数万の観客をさばくためのパーキングにたいする用意が不十分であるという結果をまねいている。さらに歩行者と車の分離のために原宿口のオーバーブリッジを建設すべきであるが、その実現が危ぶまれているということや、とくに渋谷口の外部条件が、まったく都市的考慮の圏外にあったことは、残念なことであった。渋谷口側には、渋谷区役所と公会堂、NHKが、この総合競技場と相呼応して新しく建てられたが、それぞれがまったく違った利害関係と思惑をもっていたために、お互いに話しあいの余地がまったくなかった。そのために、この三つの入口が集まるべき渋谷口広場は、景観的にまったく不統一であるばかりでなく、車と人の分離などの機能的な問題も未解決のまま残されてしまった。

オリンピック期間中、私は、しばしばここを訪れた。自動車が立ち入り禁止されていたので、原宿口にも渋谷口にも、人と車の問題は起こらなかったのは幸いであった。しかし、これはむしろ平常の使用に際して、今後、問題を起こすだろう。

広場、立体的な交錯したプロムナード、などの「道空間」は、この会期中、多勢の人を流れるように導いていた。私もときどき、歩く楽しみを味わうことができた。主・付属ともに、体育館の人びとの出入りの流れはむしろ予想以上に円滑であったように思う。主体育館では、動くことによって、空間はダイナミックな変化をみせるが、また逆に、人の流れが、空間にダイナミズムを与えてくれるようであった。また「開かれた空間」が、特に競技者にたいして圧迫感を与えないで、むしろ、解放感を与えたことは、しあわせであった。また三日月形のスタンドは、競技者をとりかこんで観客が感激をともにするのに、いくらか役立っていたように思われた。

しかし、問題は今後にあるように思われる。オリンピックという典型的な状況を念頭において設計されたこの建物が、どう使われるだろうかということである。オリンピックのすぐあと、主体育館では、世界スポーツ施設展がスタンドのコンコース‐レベルを中心に行なわれた。それも一つの使われ方であったように思う。また、冬期には、アイススケートのリンクとして使用されるようになっている。付属体育館では、六、〇〇〇人を集めて建築祭の祭典が行なわれた。こうしたコンヴェンションの使用にもたえそうである。そのあとは、体の不自由な人たちのパラリンピックがここで行なわれた。この会場には、こうした予定がいっぱいつまっているということである。私たちは、これらの施設が、国民体育とスポーツのセンターとして、末ながく活用されることを祈ってやまない。

（一九六五年一月）

2　WHOの場合

WHO——世界保健機構——⑪-④は、国連に所属する専門機関であって、健康水準の向上と病気の予防を目的として世界的な協力体制を実現すべく組織されたものである。

一九六〇年、ジュネーヴに建設される本部の計画にあたって国際指名コンペが行なわれたが、この計画はその応募案である。敷地はジュネーヴ市の郊外、戦前の国際連盟本部——パレ-デ-ナシオン——に近く、レマン湖を眼下に控えて遠くアルプスを望む丘陵地に位置している。現在この地域に市街から伸びる高速道路網が計画されており、本部へのアプローチは主としてこれを利用する自動車交通によってなされる。

すべての国家の危険や平和の障害に対して、保健上の世界協力体制を実現すべく結集したWHOの本部として、計画がこの機構の社会的重要性を示し、その機能の満足する形態と空間をもたねばならぬことは、いうまでもないが、この計画にあたっては私たちが提案した基本的な概念は次のようなものであった。

現代社会における技術の急速な発展は、私たちの都市および自然の環境を大きく変化させつつあり、ダイナミックな流動性と超人間的な尺度が、都市と自然の中に発生しつつある。WHOの建つこの敷地の環境も、その例外ではない。

ここを取り巻く広大な自然の尺度、高速道路システムの超人間的尺度、ここに集まる群集の尺度から個々の人間的尺度にいたる尺度の段階に新たな相互関係を見いだし、秩序ある空間体系を探求することが重要な課題となっている。

傾斜し湾曲した二つの事務スペースによって作られた内側の空間——メイン・ホール——は、高速道路の尺度と個々の人間的尺度の中間にあって、この二つの尺度を有機的に結びつける役割を果たしている。高速道路—パーキング—メイン・ホール—垂直交通シャフト—事務・会議スペースのそれぞれは、空間的、時間的尺度の系列にしたがって有機的に構成され、秩序あるシークェンスを展開することになるだろう。同時に、この内側の空間——メイン・ホール——は、それをとりまくWHOの機能と活動の焦点として重要な意味をもっている。私たちは、この内部空間に立って、ここで行なわれている各種のアクティヴィティとその相互関係を明瞭に理解できるだろう。またそれぞれのアクティヴィティは相互に、この空間を媒介として結びあっている。

その意味で、このメイン・ホールは各種の機能と活動の相互をコミュニケートする、空間的なコアとなっているのである。また、ピロティを通して展開する内外空間の水平的結合と、湾曲し上昇して空につながる垂直的構成をもつこの内部空間は、WHOがうけもつ社会的重要性を表現するものとなるだろう。

構造計画は湾曲した柱壁を鉄筋コンクリート現場打ちとし、これをメイジャー・ストラクチュアとしている。

このスケールは群集的尺度に対するものである。この構造がプラスティックな、マッシヴな形態と尺度を示していることに対して、個々の事務室を構成しているマイナーな構造は、PSコンクリートであり、その直線的な表現とあいまって、人間的な尺度を示している。

（一九六三年四月）

3 倉敷市庁舎とＭＩＴプロジェクトの場合

私たちの生活とその環境は刻々めまぐるしく変化している。これは現代を特徴づけているモビリティを時間的なサイクルによって、とらえた断面である。しかし、さらによく見ると、そのなかでも、短期のサイクルで変化しているものと、長期のサイクルで変化、発展しているものがあることに気づくだろう。より流動的（mobile）なものと、より安定（stable）なものがあるといってもよい。

短いものは、流行のようなものとして、観察されるだろうし、恣意的な運動ともみえるし、自由な個人選択にまかされているもののようにもみえるのである。しかし長いものは時代の骨組、システムを秩序づけてゆくようなものであって、時代を性格づけてゆくものである。そうしてこの秩序をもったサイクルは、自由なサイクルを内に包みながら、運動している。

これは生産とか建設のところでとらえてみると、いわゆる消費財といわれているものと、耐久財といわれているものの違いになる。個人の選択の自由をともなって、めまぐるしく流行してゆく消費財は、その工業生産化をおしすすめている。しかし一方では、資本の蓄積は自然改造とか、ダム、港湾、道路などの建設をますます巨大化しており、それらは、集団の意志、あるいは公共的な立場で生産され、建設され、時代のシステムを決定し、また反映してゆく。この二つの極のなかで、建築や都市のことを考えてゆくことができるだろう。

個々の建築について考える場合、長いサイクルをもつ素材は、鉄とセメントだといってよいだろう。しかもそれが構造体として建設されるときに、よりステイブルなシステムを決定する。その他の商品化された建築材料は、短いサイクルの変動のなかにしか存在しえない。よく建築要素の工場生産化といわれるものは、個人の自由な選択の可能性をより高めるものではあるが、多くは短い寿命しかもたないものが多く、それらは、何年型を規定することはできても、現代性を規定し、また反映することはできない。建築における現代性は、鉄とセメントによる構造体が基本的には、決定している、と私は考えたい。構造は、形と空間を創る基本であると同時に、時代性を本質的に表現する。このことは建築史が示しているとおりである。

単なる短期の要素から組み立てられた建築は、多くの場合、商業主義の支配下にはいり、コマーシャリズムの建築となってゆくだろう。それは何年型かを表現しうるだけである。

この長期と短期、安定と変化、それはまた秩序と自由でもあるだろうが、その関係づけを与えてゆくことは、建築と都市設計にとって重要なことである。

変化に耐えるために空間のフレキシビリティ（flexibility）がいわれる。しかしこれはある枠内における可能性をいうべきで、このフレキシビリティが建築や都市構成の原理であることはできない。また成長に耐えるためにクラスター（cluster）とか群（group）という考え方がありうる。これも部分のミクロスコピックな構成の手法ではあっても、全体系を秩序づける方法論を意味することはできない。成長と変化といっても一つのシステムのなかではじめて可能なのであって、成長と変化がそのシステムのなかでは不可能になるときがくるに違いない。その時そのシステムとともに、成長と変化もとまり、死滅する。そうして次の変化と成長が新しいシステムをつくり出す。有機体の生命はそのようなものである。超時代的な変化と成長などを考えることはできない。問題は何が時代にとって決定的なシステムであり、何がそのシステムを決定しつつあるかを見きわめることが大切なことである。現代、何が都市のシステムを決定しつつあるかと問うならば、私は、今後の一時期についていえば、高速自動車道路をあげることができる。ミクロに観察すれば、自動車は個人の自由な運動の意志にまかされている。しかし——自由に運動している山襞の雨滴が、大河の流れというシステムを決定するように、あるいは、個々の粒子はブラウン運動をしながら、全体としては拡散という秩序ある運動と観察されるように——自動車交通は一つのシステムを形成する。これが高速自動車道路である。それはまた流動的であるといわれる現代都市のシステムを形成してゆく。そうして巨大化したこのような建設投資は、時代を決定しようとしている。

都市を構成している建築は、一方においてその社会的サイクルを短縮し、工場生産化をしだいに強めながら、自由な選択と変化に対応してゆくであろうが、他方では、また投資規模が巨大化しつつある建築は、なんらかのシステムの決定を促進しつつある。しかしこれらの巨大規模の道路と建築とのお互いの有機的関連が——機能的にも、また視覚的にもいいうることであるが——失われつつあるということが、現代のもっとも危機的な様相である。このことは中世の都市がもっていた道路と建築との——それなりに正しかった——関連はもはや意味を失い、今は全く別の新しい関連づけをつくり出すべき時期になったことを意味しているのである。

さらにこれらの長期のシステムと、短期の要素とのあいだの秩序と自由のあいだの、序列のある関連づけが失われつつあるということが、また一つの大きな危機を意味している。

倉敷市Ⅰ-⑭〜⑯のようなスケール－レベルでは、一つの市庁舎の建設ということが、その都市の発展と成長のシステムを決定するほどのウェイトをもっている。その市庁舎の設計にあたっては、それと同じようなウェイトのある道路の建設と有機的に関連づけることが、重要なことであった。さらにこの建築が決定するであろう都市における直角の軸を、どこに決定すべきかということについても十分な検討が加えられた。

これがこの設計作業における私たちの最初の仕事であった。あとに触れるＭＩＴで学生たちを指導して行なわれた「ボストン湾上に建つ二五、〇〇〇人のコミュニティ」と題するプロジェクトⅡ-③はより深くこのような問題に対しての提案をふくんでいる。これは一時期の都市のシステムを決定するような巨大架構の三角形の断面をもった人工自然の提案である。

モビリティを空間的なひろがりで考える場合、スピードとスケールの問題となるだろう。

私は前々から、建築の人間的尺度において、個人的なものと、社会的なものが必要であることを考えていた。建築の要素は人間の身体寸法や五感の尺度内――人と語り合い、人と触れあう――で決定されることは当然である。

しかし人が群集・マスとして行動する空間に対しては、個人的なスケールでは対応できない。人通りの多い街路に面した一階の階高は、六尺の内法では不十分なのである。日本の家並みにはそのことに対する考慮が足らなすぎたということも、ときどき指摘していた通りである。すぐれた都市の広場などを見ると、マスとしてのヒューマン－スケールに対応したものが多い。一〇〇メートルに二〇〇メートル程度の広場では、私たちは、向かい側にいる人たちのマスとしての行動を観察することができる。犬をつれている美しそうな婦人だということもわかる。さらにそれが自分の恋人であるならば、おそらくその見わけがつくだろう。そうしてもし必要があれば歩行で安易に達しうる距離である。そのような空間のひろがりを私たちはやはり、ヒューマン－スケールをもった広場とよんでいる。それを取り囲む建築や、その正面に立つ市庁舎や教会のスケールも、決して身体的なヒューマン－スケールではできていない。多くの現代建築家はそのスケールを、モニュメンタルな非人間的なものと否定的に考えていた。しかし私は、それを肯定的にマス－ヒューマン－スケールとして考えたい。社会的人間尺度とよんだものである。市民社会の形成されていた中世後期の都市にはこのような民主的な広場が多く残っている。日本は残念ながらこの民主的広場の伝統もなかったし、人を集団として考えるようなスケールももちあわせていなかった。これらの中世都市で、マスーヒューマン－スケールとインディヴィジュアル－ヒューマン－スケールとが、序列をもって空間を秩序づけていたということが、さらに重要なことである。ハイアラーキーとよんでもよい空間秩序である。――これはピラミッド型の専制的な体系を意味しているものではない。

倉敷の市庁舎では、このスケール序列が考慮されている。市庁舎―広場―公会堂にたいして、さらに市街地の家並みのひろがりとの関係において、このことが考えられている。また市庁舎建築では、その基本的構造体をマス－スケールをもったメイジャー－ストラクチュアで考え、部分を構成するプレキャストをヒューマン－スケールのマイナー－ストラクチュアとして考え、その間の序列を考えることが私たちの一つのテーマであった。

しかし、現代の技術がもたらしたスピードは、こうしたスケールの序列関係を攪乱しつつあるといってよい。一メートルたらずの歩幅でしか歩けない人間が時速一〇〇キロという自動車のスピードを日常の体験とするようになった。さらに超音波のスピードは、空間を征服しつつある。新しいスペース時代がはじまっている。六畳の室で話し合う人間が、マイクを通じて数万人の人に語りかけ、そうして今、宇宙からの発信をこの耳で聞きうるようになったのである。この経験は、私たちの空間概念を根底的に変革しないではやまないだろう。しかし私たちの生活環境のなかでもっとも重要な意味をもっているものの一つは自動車がもたらしたスピードとスケールの問題であろう。軌道が都市に敷かれたときに比べて、高速自動車道路が都市にはいりこんできたときに、それを建築との関連でより強く考えさせられるのは、自動車が個人の自由な運動にまかされているものだからである。空間的にいえば、それは末端においては、つねに個々の建築と結びついているからである。それは高速から緩速へ、さらに人間の歩行へという時間的序列をもって、個々の人間的尺度に結びついているからである。

セント・ルイスのワシントン大学とアラバマ大学の五年の学生に一〇日間ばかりの短期設計の課題を出した。

再開発地区の一画に音楽堂をふくんだ広場の設計をするということであった。そこで私は次のようなことを要求した。

一、現代の広場は、サンマルコの広場が自動車から隔絶されているように、現代のダイナミックな感覚から隔絶されたものであってはならない。自動車で到達できること、自動車から広場のアクティヴィティが見られること、広場から車のダイナミズムが感じられること。

二、そこに達するにあたって高速から歩行にいたる時間的・空間的序列を解決すること、その過程で、音楽堂に向かうという目的意識と感情が中絶されないこと、たとえば、遠く隔絶された地下ガレージの奥深くに車をパークさせ、そこから脱出して、改めて方向を定めて音楽堂に向かうといった断絶のないこと。

三、広場はあくまで人間の集団の雰囲気をもっていなければならない。ショッピング‐センターや野球場の周囲によくみられるように何千何万の自動車の砂漠であってはならない。これほど、非人間的な風景はない。

ダイナミックに大きくうねっている都市高速自動車道路、それは技術的なスケール、あるいはスーパー‐ヒューマン‐スケールをもっている。――ここでヒューマンというのは、これもやはり人間の希望につながっているからである。――それと、一九世紀あるいは二〇世紀前半の発想をもった建築の形態とのあいだには、今のところ何の機能的な、また視覚的な関連の秩序も、もってはいない。世界の都市の再開発地区に新たに建設されつつある建築ですら、この問題を解決しているものはない。しかし現代都市、二〇世紀後半の都市像は、これらのスーパー‐ヒューマン‐スケールからマス‐ヒューマン‐スケールへ、そうしてヒューマン‐スケールにまでいたるスケールの序列の秩序なしには考えられないであろう。これは、視覚的に都市のハイアラーキーを考えるということだけではない。社会的に、個から全体に至るオーガニゼーションを考えることでもある。それはまたコミュニティを構成してゆくときの人間的な関係づけのことも含んでいる。このような問題に対してこのスケールの問題は重要である。要するに、生活環境を秩序づける一つの重要なよりどころになるものである。

MITで行なわれた二五、〇〇〇人のためのコミュニティ計画⑪-③ではスケールのシークェンスが考えられている。

二五、〇〇〇人のコミュニティをささえている二つの構造体は、三角形の断面をもっている。この中に、ハイウェイから分岐した車が直接はいってゆき、中央レベルからの下の各住戸には、その玄関先まで達する。そのレベルから上部の住戸のためには公共パーキング・スペースがとられている。また垂直交通のリフトや、水平の相互連絡のためのモノレールがその構造にとりつけられている。その他の設備の動脈も備わっている。

さらにこの三角形の空間には、大・小の建築的広場がつくられており、そこには太陽が射しこんでくるように大きな開口部がある。そうして、それぞれの広場には、小学校や教会やその他のコミュニティ施設が建てられて、それらがコミュニティのコアになっている。

この三角形の大架構を私たちはメイジャー・ストラクチュアとよんでいる。この表面に数層の人工地盤があって、そこには歩行者のための道があり、それにそって各住戸が建てられる。これは工場生産化された、あるいは工業生産化された要素で組み立てうる住戸であって、その選択と取換えは個人の自由にまかせる。これらをマイナー・ストラクチュアとよんでもよかろう。

この構造——メイジャーからマイナーにいたる——またその空間のオーガニゼーション、さらにコミュニティ構成の序列と秩序は、自然そのもののスケールから、技術の発展がもたらしたスーパー－ヒューマン－スケール、さらに群としての人間がかもし出すマス－ヒューマン－スケール、そうして最後に個々の身体的ヒューマン－スケールにいたる序列をもっている。それはまた時間的にいっても、長期のサイクルをもつシステム――一時期の都市を決定づけるような――をもっているものと、短期のサイクルで個人の自由にまかされて変化してゆくものとの時間的な序列にも対応している。

これは流動という現代的な性格を足掛りとして都市に接近していったことからでてくる一つの提案である。

しかし都市は流動する現象面だけを捉えているだけでは、理解されない。それはつねに安定という対極的なものを内にふくんでいるのである。その両極のあいだに秩序ある関係づけを求めることが重要なことなのではないだろうか。

（一九六〇年九月）

4　山梨文化会館とスコピエの場合

空間のファンクショニングとストラクチュアリング

私が建築やアーバン－デザインについて考えてきたことをふりかえってみますと、最初は建築に対してファンクショナルなアプローチをしていたと思います。しかし、ファンクショナルなアプローチの限界を越えるような問題はかなり早くからでてきています。すでに広島計画①－①②のころ内部機能と外部機能というようなことを考えたり、外部機能に対応するような外部空間とか社会的空間などを考えはじめ、なにかファンクショナル－アプローチからだけでは律しきれないような空間体系というものがありそうだということを感じていました。

またファンクショナル－アプローチの範囲のなかでも、空間と機能との典型的な対応を考えますと、そこでは機能自身を典型的にとらえなければならないとともに、それに対応する空間も典型的にとらえる必要があり、そうした作業は、私たちのファンクショナル－アプローチの一つのフレームワークであったと考えます。そしてそのフレームワークを都市全体から考えてみますと、それは都市を構成する一つのエレメントであったわけです。そのエレメントとほかのエレメントを関係づけて行くような空間として、ピロティとか、外部機能とか社会的空間とかよんでいたような空間体系があったわけです。それをさらに一般的なものとして考えを進めてゆきますと、ファンクショナル・アプローチだけでは解決しえない問題がありそうだということで、ファンクショニング——空間の機能づけ——をするという作業のほかに、ストラクチュアリング——構造づけ——という作業が必要なのではないか、そのストラクチュアリングという作業を発展させていくことがアーバン・デザインの基本的なテーマになりそうだと考えはじめたわけです。

空間をコミュニケーションの場としてとらえる

それでは何が空間をストラクチュアリングしてゆくかということを考えますと、それはコミュニケーションだといえます。人や物が流れている場合、それはモビリティとしてあるいはフローとしてとらえられます。また具体的に人や物質が流れなくても、ビジュアルなコミュニケーションの場というものも考えられます。空間のなかでコミュニケーションがどのように行なわれ、どう流れるかということをかたちづけてゆく作業というのが、建築空間や都市空間の構造をつくることであると思います。今まで抽象的に、空間というのは住むところであるとか、働くところであるとかいっていましたが、そうしたスタティックなパターンだけからは空間を規定することはできない。空間を規定する決め手になるのは、人間や物のモビリティやフローであり、人間の視覚であるということです。

またさらにそれが進みますと、シンボリックな段階でのコミュニケーションの場——空間をシンボライズしたもの——としてかたちづくるということも考えられるようになります。

そうしたいろいろなかたちをもったコミュニケーションのフィールドが、都市なり、巨大化し複雑化してきた建築の内部空間を構造づける一つのよりどころになると思います。

私たちは空間をコミュニケーションの場として考えなおさなければならない、ということを考えはじめているわけです。

電通と築地計画

そうした考えのなかで最初にやったプロジェクトは、東京計画—一九六〇Ⅱ-①②でしたが、そのなかでいくつかのストラクチュアリングされたビルディング-タイプを提案しました。そうしたものを実現してみたいということは前から考えていたわけです。

その実現の一つとして私たちは電通ビルⅡ-⑦⑰を計画しました。

なくなられた電通の吉田社長は、広告という職業の財産は人とスペースであるといわれ、建築そのものが電通のシンボルとなるようなモニュメンタルなものをつくりたいという希望をもっておられました。電通といえばそれ自身コミュニケーションの一つの牙城であり、内部的なインフォメーションのフローも独特なものをもっていますので、そうした対象を通じて新しいアーバン-デザインの考え方を展開できるのではないかということで、東京計画の都市軸の上に提案したようなビルディング-タイプの適応を考えてみたわけです。

そこでは、人間とか、インフォメーションとか、エネルギーは、集約化された垂直コアによって上へ運ばれます。そうしたコアが必要に応じて次から次へとつくられてゆき、コアとコアの間はかなり長いスパンの建物がブリッジタイプでかかります。コアがつぎつぎと建ってゆけば、建物は空間を立体格子のように延びて行く、というようなシステムです。

はじめは二つのコアを結ぶだけの建物ですが、電通が発展したり、関係組織が付近に集まってくることが予想されますからその集中に応じてブリッジタイプの建物を空中でどんどん延ばして行ける、発展可能なかたちを考えたわけです。

おりしもちょうど容積地域制がしかれ、高いものが建てられるような条件もでてきましたので、そういう建築タイプで一〇〇メートルから一二〇メートルぐらいの高さのものとして試案を練ってみました。こうした超高層にするということと、橋のように長いスパンをとばすということで、構造の坪井研究室でも長い期間をかけて検討され、私たちとしても予算面まで含めて十分リアリティのある実施設計まで行なったわけです。

しかしこの計画は、設計が完了する寸前に社長がなくなられ、同時に日本の経済も後退の傾向がみえはじめたので計画規模を縮小し、予算も当初の六割ぐらいということで、まったく別のタイプの計画として、現在施工されています。

ここで発表するのは、はじめの計画と、それを築地地区全体に発展させるとどうなるかということであり、私たちの考えている空間の三次元的ネットワークをつくるというこれからのアーバン－

ストラクチュアに対する一つの提案でもあるわけです。

山梨文化会館の構成

山梨文化会館 Ⅱ-⑲は、そうした三次元的空間のネットワークを、一個の建物のなかで実現するとどうなるかという、一つの実例です。

これは山梨新聞社と山梨放送、それに商業印刷の会社が一つの建物のなかに有機的に一体になっていこうということでできた建物です。また駅の北側の発展に寄与するため、駅前の建物としてのショッピングなどの機能も包含されています。

機能的にはショッピングのためのスペース、新聞や放送のためのオフィスのスペース、放送のためのスタジオのスペース、商業印刷とか新聞印刷のためのスペースと、機能的には四つのファンクションから成り立っています。そしてそれぞれはかなり異なった要求をもっています。たとえば垂直交通にしてもオフィスのためには従業員のためと客用のためのエレベーターとか階段が必要ですが、印刷所では重い荷物を運ぶ荷物用が主になります。放送のために客用、従業員用とともに荷物用も必要であるといった異なった機能があります。

そこで地上からいくつかの垂直のコミュニケーション-シャフトを立たせ、その垂直の道はそれぞれ違った機能をもつようにします。そうしてまたそれぞれのスペースは、自分にふさわしい位置を垂直のコアにはさまれた空間のなかに選択して占有するという方法を考えました。その結果、道はあるが建物はまだ建っていないというボイドな空間がなかに残りましたが、それはまた、それぞれのスペースが成長し発展するために必要な余地であるともいえます。そういう意味からは変化と成長の可能な一つの空間タイプであると同時に、三次元的コミュニケーションのグリッドのなかに成立している空間であるといえます。これは一つの建築の空間構成に対する提案であると同時に、アーバン－デザインとしての提案でもあります。もちろんスケールの問題もあり、あまり小さな建築のなかではこうした試みは意味がなくなるであろうと思います。この建築はおそらく、そのクリティカルポイント（限界点）にあるかもしれません。

一九六五年の正月、国連から電報がきまして、地震で破壊されたユーゴスラビアのスコピエ市
Ⅱ-⑳㉑の復興計画のインターナショナルなコンペをするのだが、参加しないかといってきました。スコピエは地震で六〇～七〇％壊されたのですが、その復興にあたって、ユーゴ、マケドニア共和国、それとスコピエ市の三者が一体になり、国際的な協力をあおいで、これからの都市のあり方の一つのモデルケースとしてそれを再建してみたいという希望がでたわけです。日本からも武藤清さんや久田俊彦さんが地震のエキスパートとして救助に行きましたし、各国がアパートやプレファブの応急用住宅などを寄付しています。

国連も特別基金からスコピエ市の再建計画のマスタープランづくりのために必要とする費用を援助することを決め、国連からプロジェクトマネージャーがでて、第一段階はドクシアディスのグループとポーランドのワルソーの再建計画をやってきた都市計画グループがいっしょになって、スコ

ピエ周辺のかなり広い範囲のマスタープランづくりを最初の一年ぐらいでやったわけです。その段階では市の中心部の約二キロ平方ぐらいの地域が、そのマスタープランのなかで白紙になっていました。その部分は重要なところであるから、もっと詳細な計画を展開したほうがよいということで残されていたわけです。その部分は壊れるまえのスコピエ市域の約六〇%ぐらいをふくんだ本当の中心部です。その部分は壊されたあとが整理されただけで、新しいものを建てるのは再建計画が決まるまで禁止されているという状態で残されているのです。

その部分をどう計画したらよいかということで、世界から八人の建築家と都市計画家が指名されてアーバン・デザインのコンペをやることになったわけです。ユーゴから四つのチームと外国から四つのチームが各一案出し合いました。その結果、私たちの案が一等になり、政治的配慮もありましてか、ユーゴの一案が一等になりました。コンペの終わったあと、私はスコピエにまいりまして、私たちから、地元のチームといっしょになり、当選案をもとにして、現実の状況により立脚した実現のための案をつくろうということを提案しました。国連もスコピエ側もそれを大いに歓迎してくれましたので、日本から磯崎、渡辺、谷口の三君が三ヵ月ほど当地へ行き、私もその間、月に一度は行きまして、一等になったチームのメンバーや、スコピエ市の建築家などといっしょになり、八人ほどのチームで、私たちが提案した案を現実化して行くような案を練ったわけです。

そこで経験しましたことは、ユーゴの人たちは都市設計に対して、CIAMの考え方をそのまま引き継いでいて、CIAMの次を考えようとしている私たちのチームとの間で、意見の調整をすることが、短期間であったこともあわせて、むずかしいことなどもありました。

アーバン・デザインの詳細計画

その段階が終わったところで、私と国連のプロジェクトマネージャーのチボロフスキーとで次のような提案をしました。

これを実現してゆくために考えなければならないことは、都市計画は図面の段階が意味があるのではなくて、それが三次元的な空間として実現することに意味があるのであり、この案を基本にしてさらに細部にわたって、もっと建築的にまで精密に計画する必要がある。できれば中心部のなかのいくつかの重要な拠点になるような部分については、建築的な空間の設計まで総合的にやってゆく必要がある。つまり第二段階の都市計画の段階から、すぐ個々の建築の設計に移ってはいけない、ということが一つです。

もう一つは、建てる場合に、小さい個々の単位で投資してはいけない。なるべくクラスターごとに建てるような計画をしなければいけない、ということを強く提案したわけです。

国連としてもスコピエ市としても、また私たちとしても、この計画を建築的段階にまでデザインを押し進めたいと思っていたのですが、国連の特別基金は都市計画に対してのみだされていますので、どうしても建築計画まで進めることはできないのです。そこで都市計画の詳細計画として建築的ディテールまで決めて行こうということになり、シティ・センターをいくつかのブロックに分けて、私たちと二位になったチームと、スコピエ市の建築家のチームが分担を決めて、建築的なスケールまで展開させるということで、第三段階にはいったわけです。

諸分野の技術の導入

第三段階ではスコピエから市の都市計画局長と都市計画研究所長が一ヵ月あまり日本へ来て、こちらでの作業に参加したわけです。そのとき新しい駅の計画については、山崎兌さんを中心とする東海道新幹線のステーションの設計グループの人たちにスコピエの現地調査まで含めた協力をしていただきました。またシティ－ウォールの内部の気象条件にあたえる影響については、東大生産技術研究所の勝田高司さんに風洞実験をしていただき、内部の気象条件に悪影響をあたえないシティ－ウォールとはどういう形かというのを探すうえに非常に役に立ちました。このように新しいアーバン－デザインのなかに、いろいろな分野の科学的な経験を導入することもできましたし、国際的関係のなかで協力の仕方のむずかしさや面白さを経験しましたことは、これからアーバン－デザインをやって行くうえに、非常にプラスになったと考えています。

シティ－ゲートとシティ－ウォール

ここで私たちが受けもったのは、コンペの段階で提案した重要な要素になっている、シティ－ゲートとシティ－ウォールです。シティ－ゲートは新しい鉄道の駅とハイウェイからはいってくる三つのインターチェンジを中心とするオフィス群のクラスターと、その共和国広場までを含めた一連の地域の計画であり、シティーウォールは古くからある都市軸と、新しいシティーゲートからはじまる新しいアクシスがぶつかり合う地域全体を、シティーウォールという高層のアパートで囲んで、シティーセンター内部の都市性——アーバニティ——を高めようというものです。

シンボリック・アプローチ

前にも述べましたようにアーバンデザインの方法のなかでファンクショニングという操作と、ストラクチュアリングという操作があります。ある典型的な機能に対してある典型的な形をあたえますと、その形を見ただけでもその機能がよくわかる、固有性がでてくるわけですが、それをもう少しおし進めて考えますと、フィジカルなファンクションばかりではなく、空間のもっているメタフィジカルなファンクションも、形として示すことができるのではないかと思います。その段階まで行くと、ある一つの空間は機能をシンボライズして表現しているということができると思います。またそうしたことを意識したシンボリックなアプローチが必要になるわけです。

シンボリックな考え方というのは実はストラクチュアリングのなかにもあります。ストラクチュアそのものにシンボリックな意味をあたえるということは、デザインを内部的に発展させるためにも役に立ちますし、デザインを人にわからせるという意味でも役に立つ場合があります。

スコピエでも、私たちはその考え方をかなり使っています。たとえばスコピエのセンターに「ゲート」という名前をあたえました。そうしますと、ゲートという言葉の意味から、何かゲートらしい空間構成が必要ではなかろうか、ということがでてきて、私たちにとってはそれがデザインの方向を決めてくれますし、市民にとっては概念的にもわかりやすくなって、なるほどこれはこのまちへはいってくる門だ、と理解してくれるということがあります。それが、その名前のイメージと違ったデザインになってきますと、市民のほうで拒否するわけです。

シティーウォールという考え方も市民のなかで有名になり、ある段階でシティーウォールはじゃまではなかろうか、やめてしまったほうがよいのではないかという意見がでてきたときにも、むしろ市民の側で反対したわけです。シティーウォールというのはよく知っているし、それはスコピエのシティーセンターをシンボライズするものにわれわれのイメージのなかではなってきている。いまさらそれを捨ててもらっては困るというのです。そうしたことから都市をストラクチュアリングしてゆく手だてのなかにシンボリックな操作というものがいろいろな形ででてくるし、必要なものだということを経験しました。

（一九六七年五月）

5　万国博の計画と未来都市

企画から完成までのプロセス

日本万国博（II—㉕㉖）は、日本で行なわれた建設のプロジェクトとしては、かなり大きなものだと思います。しかも、最初の企画の段階から、プランニングの段階、アーバン・デザインの段階、デザインの段階、そうして建設の段階と筋を通してシステム的に発展させたというような経験は、まれな経験だったと思います。そういう意味で全体のプロセスを、記録にとどめておくということは、いいことだと思うのですが、しかしこれだけ大きなプロジェクトとなりますと、大勢の人が、いろいろな方面から参加してできたものですから、一つの側面から参加した人が見るプロセスと、他の側面に参加した人のする経過報告とでは、だいぶ違うだろうと思います。ですからその客観性のほどはたいへん問題があると思いますが、私が参加したポイントから見た経過報告みたいなものを、申しあげてみたいと思います。

万博を日本でやろうではないか、オリンピックを東京で開き、その次には大阪で万博をやろうということの話がはじめられたのは、すでにオリンピックを開催するちょっと前、一九六四年の九月ごろだったと思います。それからあしかけ一九七〇年まで七年、実質的にも六年たっております。

しかし具体的に軌道に乗りはじめたのは、一九六五年の秋くらいからでして、まずテーマ委員会が発足して、万博の基本テーマをいかに選ぶかということの討議がはじめられましたのが一九六五年の九月でして、茅誠司前東大総長を委員長とし、各方面から一二名の委員が選ばれたのですが、四回の会合の結果、その一二月には主題として「人類の進歩と調和」が決められました。

その前にも、すでに政府と大阪府は、万博の敷地として、千里丘陵の地に三三〇ヘクタールの土地を選び、その買収に着手していました。

統一テーマは決まりましたが、はたしてこの三三〇ヘクタールの地で、どういうことをやったらいいのか、皆目見当がつかなかったわけです。日本万国博協会が正式に発足したのは、一九六五年の暮れです。発足と同時に、会場計画の基礎調査を、京都大学グループに委嘱し、西山卯三教授が中心になって、それをまとめられたのです。非常に短い三ヵ月くらいの期間でしたが、精力的にまとめられて、そこで万博とはこういうものであるという歴史的な、また実証的な調査をされました。また日本において開く万博とは、こういうふうなものであってほしいという提案までを含んだ、かなり膨大な作業をされました。

それから少し遅れて、会場計画を進めるために、飯沼一省さんが委員長になられて、建築、土木、交通そして造園というようないわゆるフィジカル - プランニングの専門家たちが中心となって、会場計画委員会ができました。委員会のなかに、原案を作成する委員が指名されて、西山卯三さんと私とが、二人でマスター - プランづくりを担当することになりました。

そこで計画委員会は、年が明けて一九六六年の初めごろから作業をはじめたわけですが、第一回の作業の会合で、西山さんたちが研究された基礎調査の報告を受けたのですが、それが最初のスタートにとって非常に有効な資料になったわけです。そんな関係もあって、西山さんと私とがどういう形で協力したらいいかということについて西山さんと私とたびたび話し合ったのですが、二人並行して半分ずつ分担するということは、たいへんむずかしい。どちらかというと前半を主として西山さんが責任をもってやられ、後半を私が責任をもつという形で進めようというふうに話し合ったのですが、しかしそれを助けてくださるコアースタッフのみなさんは、一貫して仕事に参加するということで、そこで西山さんが推薦されるコアースタッフと私が推薦するコアースタッフと一緒になって、原案作成のためのコアースタッフができたわけです。京都側からは上田篤さん、川崎清さん、指宿真智雄さん、東京側から磯崎新さん、曽根幸一さんその他の方々が出て全体のマスタープラン作りのスタッフになってくださったわけです。さらにもっと若い人たちも大勢参加してくださったわけです。

マスタープランの進め方は、タイミングを区切って、第一次案、二次案、三次案そうして第四次案と進んだのですが、最初第一次案が出されたころには、万国博協会自身が、まだその基本方針や姿勢を十分固めてはいない、どれだけ予算をかけていいのか、どのくらい入場者があるのか、それに対して外部の道路計画とか輸送計画とかそういうことが、どの程度必要であり、どの程度政府が援助するのか、まだ見当もつかない何をしていいのかわからない状態で、しかも何か案を作らなければならないといった段階であったわけです。ですからそこで参加した全員が、いろいろな案を出し合ったのですが、まったくそれもただ空漠たるイメージの段階のものでした。それを少しずつ整理しながら、そのなかで共通点を探しだし、一応の第一次案が出されたわけですが、それはイメージ－プランといってもいいようなものであったと思います。しかしその段階で、もうすでに一五万人のための交歓の場としてのお祭り広場の考え方とか、人間と自然との進歩と調和として、人工気候化というような考え方、会場の運営や交通のコントロールについて人工頭脳による人間と技術の関係における進歩と調和の表現などがすでに出てきていました。そういうものになにかシンボリックな意味を与えようと考えられていました。そういった問題について、もう一度あとで整理してお話ししたいと思います。

第二次案ではそれに加えて、メイン－ゲートから非常に大勢の人がはいってくるわけですが、その交通をコントロールするメカニズムは、非常におもしろいテーマとなりうるものだからそれをシンボルの一つとして、加えることになったのですが、そういうふうにしてだんだん案が具体化していったわけです。それを協会の人たちとか、会場計画委員とか、さらに外部の人たちにぶっつけて、いろいろ反応を確かめたのです。そういう意味でこの段階のプランをパイロット－プランと呼んでよいかと思います。

それと並行して、入場者予測などの調査が必要になってきて、最初の段階は、京都大学の米谷栄一教授の交通計画研究室で、入場者が一応予測されました。それは半年の全期間で二、七〇〇万人だったと思います。それからあと協会は、さらに野村総合研究所と、スタンフォード研究所に調査を依頼して、入場者の予測をしたわけです。それが第二次案が出されたあとで、その結果が出たと記憶していますが、三、〇〇〇万人、土曜日曜平均して一日四二万人という数字が出されました。それを基本にして第三次案の作成にとりかかったのですが、しかし、その交通をさばくために、外部の高速道路とか、鉄道とか、大阪からの地下鉄とか、そういったものの計画とか、建設とか、その予算化というものについては、中央政府にたよらざるをえないわけですが、そういう関連工事に対して、はたしてどれだけのリアリティがあり、はたしてどこまでやれるのかという見通しを立ててゆかないと、マスター-プラン自身ができない。そこで、周辺事業のための懇談会というようなものが並行して発足して、外の固めをしてもらったわけです。そういうふうにだんだん具体的条件が出はじめておりましたし、また第二次案に対して、いろいろ外部から直接の反応が現われてきたわけです。

そういう反応を組み入れて、第二次案から第三次案に移ったプロセスのなかで、基本的にはあまり大きな変化はないのですけれども、一つの考え方としては、第一次案、二次案で出てきていたシンボルエリアという考え方に加え、第三次案では、入場者をメイン-ゲート一ヵ所から集中的に入れるのは混乱を招くおそれもあるので、メイン-ゲートに加えて、東西南北にサブ-ゲートを設けることになりました。それが一つのきっかけになったわけですが、シンボルゾーンを樹木の幹にたとえて、シンボルゾーンから東西南北のサブ－ゲートに結ぶ幹線を設け、そこに動く歩道を装置して、観客流動の動脈としよう。それは樹木でいう枝幹にたとえられるだろう。

こうした幹と枝を基幹施設と呼んだのですが、これは、都市計画の一つのフィジカルな道具として第三次案の段階で出てきたものです。これが、第三次案の一つの特徴になっていると思いますが、しかしお祭り広場、シンボルゾーンという考え方については、第一次案、第二次案からすでに踏襲されてきているのです。

第三次案は、ほとんど今ある形の基本となっていますが、それを多少修正して、第四次案、つまり最終案というのができてそれが協会としての会場計画の決定版として、承認されたわけです。一九六六年のたしか一〇月ごろだったかと思います。その段階で、マスター－プランの段階が終わったといえます。

次のマスター－デザインの段階に、どのようにして進めたらいいかという問題について、いろいろな考え方が出たわけですが、一つの考え方は、万博の敷地全体の建物を、全部コントロールすべきである。出展するパビリオンはすべて各国のパビリオンから、民間のパビリオンにいたるまでかなり強くコントロールをして、調和を保たせるという考え方だと思います。しかし、ここで採られた考え方は、各パビリオンは、徹底的に自由にさせるべきであるが、しかしそのままではいけないので、それをつなぎとめるために何か構造が必要である。

そこで基幹施設、つまり幹と枝は、そういう自由奔放なそれぞれのパビリオンをつなぎとめる道具として、非常に重要なものになってきているわけです。そこでデザインの進め方については、各パビリオンは、徹底的に各パビリオン担当の建築家の自由に任せる、ほとんど制限はしない、しかし基幹施設については、統一的なデザインを進めてゆこうという基本方針を打ち出し、その考え方が一般に認められるようになりました。

基幹施設そのものは、いろいろなエレメントを含んでいるわけです。シンボルゾーンは、長さ一キロ幅一五〇メートルありますし、枝に相当する装置道路は、合計すると長さ四キロもあり、それに沿った七つの広場やエキスポ－サービスなども含めますと、かなり多種類のエレメントを含んでおります。それをどうやって統一的なデザインにもちこむかという問題が、アーバン－デザインの問題として出てきたわけです。

しかしそれを、どういう方法で統一的にデザインしてゆくかという問題は、大変むずかしい問題でした。協会から私、基幹施設プロデューサーという名前をいただいて、全体をどう進めるか、考えてみろといわれたのですが、じつは、はたと当惑いたしました。まずいろいろな人の意見をきいて、全体の進め方について、考えさせていただいたのですが、そこでも基本的に二つの考え方がありました。基幹施設全体を、ごく少人数のメンバーで一応全部デザインしてしまう。その全体像に従って、それを各エレメントに分けて、それと関係のない新しい建築家にそれぞれのエレメントの建築デザインをお願いして、それの具体的な実施設計をやっていただくという一つの考え方、そういう人もかなりありました。それからもう一つの考え方は、基幹施設のアーバン・デザインを進めてゆくメンバーとしては、将来その部分、部分を受けもつであろう建築家を予想して、全部はいってもらって、全員の責任でアーバン・デザインをする。そこでつくられたアーバン・デザインは、全員の責任でできたという自覚をもつ。そのあと部分部分をそれぞれの建築家の分担を決めて担当してゆく。そうすれば人から決められたんじゃないという感じで、建築デザインを進めることができると同時に、建築的な段階にはいってからのコオーディネーションがやさしいのではないかという考え方です。

私自身は、後者のほうを推しました。将来基幹施設のパート、パートを引き受けるであろう建築家をまず選んでいただいて、はいっていただいたのです。けれどもやはりこういう問題というのは非常にむずかしい問題があります。

一つの問題は、その建築家を選ぶ場合にも、コンペティションをしたらどうかという考え方で、建築学会、建築家協会とか、建築士会とか、いろいろな建築界のなかから、万博にはすべてのすぐれた人がもれなく参加する必要があるという建前で、それは私たちもそういうふうに考えたのですが、しかしコンペティションが一番いいかどうかということについては、いろいろな議論があり、基幹施設という名前をつけたものの、その内容がまだまったくフレキシブルで、まだまだコンクリートでない。だからその全体に対して、何か案を出せという状態にはなかなかいっていない。そういう状態でコンペティションをやることが、はたしてリアリティをもつかどうかということに対して、かなり疑問が出てきました。

その当時、すでにアーバン-デザインの段階にはいったとき、会場計画委員会は一応解散して、建築顧問という制度になっておりました。伊藤滋さんをはじめとする四人の建築家で構成されていましたが、その顧問の先生方と相談して、どういう方々がいいか、いろいろ推薦していただいて、いまの一二人の方が選ばれたわけです。この一二名の方々は、福田朝生、彦谷邦一、大高正人、菊竹清訓、神谷宏治、磯崎新、指宿真智雄、上田篤、川崎清、加藤邦男、曽根幸一、好川博の方々ですが、好川博さんは、土地造成の実施設計をした日建設計株式会社でそれを担当された方として、特に参加していただいたのですが、マスター-デザインの後半で、日本政府館の設計スタッフとなって退かれることになりました。その分、本部ビルの競技設計で入選された根津耕一郎さんが、このグループに参加されることになりました。一二人の方にお願いしたことは、まだどのパートを受けもっていただくということは申し上げられない。しかし全員で責任をもって基幹施設の全体についての統一的なデザインをする、アーバン-デザインを進めるひとりのメンバーになっていただきたいというお願いの仕方ではいっていただいたわけです。それから約一年間のアーバン-デザインのプロセスがはじまりました。

今度は、アーバン-デザインのメンバーが決まって、はたと困ったのは、みなそれぞれ忙しい事務所、研究室のボスであるわけですから、毎日同じ場所に寄って仕事をしているわけにゆかない。そこで各事務所なり、各研究室から、二人とか三人とか、忙しいときには四人とか五人とか出てきていただいて、部屋も一ヵ所に集まっていただいて、協同で作業する。ボスは、週に二回とか、暇がなければ一回とか、定期的に集まって、チェックしてゆく。そういう形で約一年ぐらい続けたのです。多いときには、一〇〇人くらい集まりました。ですからそれに参加した人たちは、全体の基幹施設に関しての三次元的なデザインがまとまったときには、ほぼ全体に対して納得していたのです。一九六七年の九月か一〇月ごろにかけて、それぞれのパートに分解して分担を決めたわけですが、なんとなく、だれがどこを担当すればいちばん適当であるか、作業をしている間におのずと決まってきて、分担についてはわりにスムーズにいったと思うのです。

あとは建築的なデザインの段階にはいったわけですが、それだけ地固めをしてあっても、建築的な段階にはいると、それぞれの建築家は、かなり個性が強いですから、なんとなく無意識のうちにわくからはみだそうという傾向がどうしてもあるわけです。その間のコオーディネーションはかなりむずかしいことが予想されました。私は、建築的分解をしたあとも、何かその間をコオーディネートするフィジカルな道具を考えておこうと思ったわけです。一つは、シンボルゾーンに関していうと、大屋根の架構システムが、フィジカルに全体をコオーディネートする道具だというふうに考えておりました。塔なども、大屋根のストラクチュアと合わせていくことによって全体に統一感をもたせることができたのだと思います。

もう一つのフィジカルなコオーディネーションの道具としては装置道路のチューブがあります。装置道路のチューブを通じて、周辺の各パビリオンとの間、あるいはサブ広場を通じて周辺のパビリオンと接触するわけですけれども、これは基幹施設の、つまり枝になる部分ですが、それによって花にたとえられる各パビリオンを結びつけて会場全体に統一感を与えてゆく重要なフィジカルーツールであったわけです。装置道路を担当された人は、たいへんだったと思いますが、そういうコオーディネーションの役目を、非常に効果的に果たしてくださったと思います。このようにマスターーデザインの過程で私たちは建築段階にはいったときのコオーディネーションの道具を用意いたしました。そういうふうなことを通じて、建築的な段階にはいっても、あまり支離滅裂にならないでコオーディネーションができたんじゃないかと思います。具体的にでき上がったもののよしあしは別として、プロセスとしては、そういう方法でよかったかと思います。

その辺が大体のプロセスですが、その間、協会側はそれをバックアップするような部分的な基礎調査をどんどんやってくださって、その資料をプランニングからデザインにいたる流れに対して側面からどんどん提供してくださったことは効果的であったと思います。さらに全体の調査からプランニングそしてデザインにいたる進め方について、パートを組んで、総括的に進行をコントロールしてくださったことは、全体がスムーズに進行する力になったと思います。その協会の力は、個々の建設がはじまった段階で非常に強く発揮され、全体を時間的にも、空間的にも、非常に巧みなパートによるコオーディネーションが行なわれたことは特筆すべきであったと思います。以上が、長くなりましたが経過報告です。

つぎにその過程で考えられたいくつかの問題点についてふれておきたいと思います。それは一九七〇年という時点で、日本で万国博をやるということを、どういうふうに受けとめたらいいか、それがどうテーマに反映され、さらにそのテーマがどう会場のマスター・プランに表現されるかといった問題が一つ、もう一つはマスター・プランとか、アーバン・デザインのなかでどういう手法をここで用いたかということを、ここで別の角度からみてみたらいいかと思います。

万博の意味とデザイン手法について

第一の一九七〇年という時点で日本で万国博をやるということは、どういう意味をもっているかということですが、これはテーマ委員会の論議のポイントでもあったわけですが、またこの問題点は西山さんの基礎調査にも現われていました。またテーマ委員会で基本テーマがでたあとで、そのテーマをさらに具体的にしてゆくためにサブ・テーマ委員会ができて、京都大学の梅棹忠夫さん、加藤秀俊さん、東京から川添登さんらが参加され、基本テーマをさらに敷衍《ふえん》するような作業がされたのですが、そこでもおそらく一つの大きな問題として討議されたかと思うのです。そういうみなさんの討議のなかでやや共通していえることは、次のような点じゃないかと思います。過去の歴史的万博をみてみると、当然のこととして工業社会的な表現形態をとっている。特に産業革命のあとイギリスで一八五一年にロンドンでやりました万博は、産業革命の先頭を切ったイギリスが自分のところの技術文明とか、工業製品をエキスポーズして、世界に示した。それは、いかにも工業社会的表現の形態だったといえるでしょう。その後各国が自分のパビリオンを出すようになってもやはり、それぞれの国が自国の製品を自慢してみせるという、そういうふうなエキスポジションだったと思うのです。そういう形は、情報社会化しつつある現在、どういう意味をもっているだろうか。もちろんそういう科学技術を具体的に形のある、目に見える物としてエキスポーズするというファンクションは現在もなくなりはしないだろうが、それだけではもはや十分な意味をもつことはできない。むしろ人類が歴史的にたくわえてきた形のない知恵とか、多少形はあるにしても、文化とか、そういったふうにいわれているもので、もっと端的にいえば、人間自身ということでもいいのかもしれないのですが、それがお互いに交流しあえる場を作ることに意味があるのではないだろうか、特にアジアでやる場合に、アジアの多くの国々が参加することが重要な意味をもつものなのですが、トップの科学技術の枠だけだせばということであれば、あるいはアメリカとソ連が出ればいいので、他の国が参加する意味がないわけです。しかし人類には、科学技術だけでは律しきれない知恵というものがある。それをもちよることによって、より高次の知恵をもつくりだすことができる。またそこで人間と人間が触れ合うことによって、大きな喜びが生まれてくる。それは別の言葉でいえば、エキスポジションでなくて、フェスティバルだ、お祭りだ。エキスポジションという形はとっているけれども、その精神とするところは、お祭りだ、というそういう考え方に、いろいろな人の意見が徐々に固まってきた。そういう方向のなかでかなり初期の段階から、お祭り広場という構想がシンボリックな意味をもってでてきているのです。もちろん会場全体が、祭りの場であるわけですが、その象徴的な、中心的な場所として、お祭り広場を設けようという考えが、ごく自然に出てきた。そうして、それが中心になって、会場全体が構成されてきている。その辺がテーマの精神がいちばん素直に会場に反映しているところだという気がいたします。

それと同じ考え方からきているのですが、今までの万博には、何かモニュメントがあった。クリスタルパレスが鉄とガラスの大きな建造物として、エッフェル塔が鉄でできたもっとも高い構造物としてモニュメントとなっています。そういったモニュメントをつくること自体も、もはやあまり意味がないのではないか、フィジカルなものでなくて、ノンフィジカルのものの価値が、われわれの情報化社会のなかでは、もっとウエイトを占めるべきだ、ハードなものでなくもっとソフトなものに意味を見いだす。いってみれば万博というのは、建物や展示物が主体でなくて、そこに集まってくる人間が主体なんだ。人間がお互いに交歓し合うことが、重要なことではないだろうか。

しかしそうした人間に一つの未曾有の、異常な環境を提供する、お祭り広場の考え方のなかに、そういう問題意識が含まれております。異常な、日常性を超えた新しい環境をつくることによって、人間と人間との交歓を刺激してゆく、そうしてそこに発生するイヴェントやハプニングがそこに参加した人びとの心のなかに記憶として、形のないモニュメントとして残る。そういう異常な経験、参加によって得た経験をシンボリックな記憶としてもって帰ってもらう。そういう考え方がでてきているのです。

もちろんできたものは、それぞれ具体的な形をもっていますから、精神論をいっても通用しないかもしれません。しかし考え方の根底には、そういうところがあって、お祭り広場ができているといえると思います。

あの大屋根の形を決める場合にも、もともと日本は暑いところであるし、梅雨期で雨も多いので観客の大勢集まるところを雨とか太陽を防ぐために屋根をつけようという考え方は、かなり早い時期からあったのです。しかし、どういう屋根にしようかというときに、概念的には、なにか形のない、あまり形の気にならない、雲のような屋根をつくろうじゃないかということを、いっていたのですが、しかしいざ形にしてみると、なかなか雲のような形なんかできなくて、もっとも中性的な、いわゆるニュートラルな、抽象化された空間をもっているスペースフレームに落ち着いたのです。しかし出来上がった形は、結構ヴォリューム感があって、雲のようなどころじゃないのです。しかし発想としては、雲のような屋根、つまり、屋根そのものが重要でなくて、屋根におおわれている空間が重要なんだという、そういう発想がもともとあったのです。

次の問題点にふれてみたいと思います。この会場を都市計画的に考えてみますと一日に四〇万人とか五〇万人の人がはいってくる。その人たちは朝から晩までここで動きまわったり、立ちどまったり、見物したり、食事をしたり、そういった生活をする。この会場は昼間人口五〇万人の都市とみることができます。つまり、この会場全体を一つの生きた未来都市としてシミュレートすることができます。私たちがここで提案しました基幹施設は、万博会場をささえる基本構造として働くものではありますが、しかし同時に、それは、この跡地が将来、一つの都市の中心として成長してゆくときにも、都心の基本構造として、生きのびてゆけるようなものとして、提案されているのです。

ですから個々のパビリオンが、かりに将来それぞれ文化施設とか、オフィスビルに建て変わったとしても、十分都市として成り立つような基本構造として基幹施設が用意されております。そういう意味でシンボルゾーンとか、装置道路のネットワークを考えているわけです。

それともう一つ、さっき経過のところでもふれた問題ですが、未来都市のあり方を考えてみても、そこに建つ建物は、かなり多様性があって、画一化される必要はない。しかし幹になる部分とか、枝になる部分でつなぎとめてゆく必要がある。まして万国博のときには、各パビリオンは、百花繚乱と咲かなければならない。そういう百花繚乱を認めながら、樹木にたとえるならばそれをささえる幹と枝として、基幹施設が提案されているのですが、それはある意味では、未来都市の幹と枝として理解することもできます。この会場はそのまま未来の都市の都心になりうる基礎構造をもっていると考えていいかと思います。周辺にパーキング地域をとってありますけれども、周辺のパーキング地域は、あまり基礎構造をもっていませんから、あるいは森林公園に使ってもいいかもしれません。しかしさらにその周辺には、千里ニュータウン、あるいは新しく開発可能な地域がたくさんありますから、それらを合わせて考えれば、近畿圏の中枢となるような一つの都市地域を考えることもできましょう。また万博のパビリオン敷地の部分は、その都市地域のコアと考えても、十分成り立つような構造をもっております。未来都市のコアをつくろうという考え方が、この万博を通じて、暗に考えられたわけです。もちろんこれは、未来のためだけにつくるのではなく、万博のために十分役立ったあと、未来のために役立つというふうに考えるべきでしょう。しかし、未来都市のコアとしてゆくためには、かなり大きな改造が必要ではありましょうが、しかし基本構造そのものはあまり変える必要はないんじゃないかと思うのです。またその幹と枝とに相当するところには、いろいろなユーティリティのメイン－パイプが通っております。電気、上下水道、ガスさらに集中冷暖房システムの配管まで通しているわけですから、それをゆくゆく積極的に利用することがいいのではないかと思います。

アーバン－デザインの問題として考えますと、ここで提案している基幹施設は、つまり幹に相当するシンボルゾーンと、装置道路をもった枝という形で会場全体が構造化されているのです。それがやはりアーバン－デザインのかなりベーシックなコンセントになっております。その基幹施設のデザインについていえば幹と枝に相当する部分についてのデザインは、なるべくニュートラルな形に押えてゆこう。色にしても、白を基本にし、金属の自然色くらいはそれに加え多少のアクセント－カラーを入れますけれども、全体としてはあくまで白を基調としてゆくことが考えられました。しかしそれに咲く花は、あざやかな形であり、また色であればあるほどいいと考えていたのです。

われわれは各パビリオンの建築家にそのようにお願いしているのですが、それはある程度そういうふうになったと思うのですが、案外形をとっても、色をとってもそれぞれのパビリオンはかなり個性豊かな花として咲いていますから、逆に幹と枝がよく見えてきて、幹と枝をたどってゆけば、会場全体の構成が理解しやすくなるのではないかと期待しております。

そのほかのアーバン－デザインの手法として考慮した点をふり返ってみますと次のような点があったかと思います。その一つは幹と枝を全体の会場の中に位置づける仕方として、ちょうど会場の一番高いところに、ランド－マークを建てたわけですが、ランド－マークを扇の要に見立てて、枝になるような幹線に沿ってゆくと、いつも突当りにランド－マークが見えているというヴィスタの手法とか、中央が一番低くなっているのが、そこが池ですけれども、東のゲートとか西のゲートからはいってまいりますと、池の軸がずうっと見えて、さらにその両脇に建っているパビリオンが、パノラマのように見えるような、そういう考慮などがあったかと思います。

さらに敷地全体の扱い方としては、池の周辺が一番低くなっていますが、その周辺になるべく小規模のパビリオンを置いて、周辺のやや小高いところには、なるべく大きなパビリオンを置いて、視覚的にもその擂鉢《すりばち》型というか、お皿型の敷地をさらに強調しているような構成、それはまた、全体を中心からながめると、全体がパノラマのように見えてくることになるわけです。

今あるような基幹施設の基本的な形は、ほぼマスター－デザインの段階で決まったわけですが、その後、建築デザインの段階にはいって、それぞれの建築家によって、よりリファインされていったわけです。ベーシックなコンセントは保ちながらも、形が変わっていたものもあったと思います。

基幹施設の構成

ではつぎに、多少具体的に基幹施設の構成についてお話したいと思います。会場全体は、中間縦貫道路と、大阪から上ってきた中央環状道路がオーバーラップした大きな高速道路が、会場の中央少し南三分の一くらいのところに東西に走っています。そこにまた大阪から御堂筋を上ってくる地下鉄がはいってきて、メイン‐ゲートを構成しているのですが、会場を中央と南北に延びているシンボルゾーンと、この高速道路との交差点が、メイン‐ゲートになっているわけです。メイン‐ゲートから北に上ると、広場があって、それをさらに上ってゆくと、テーマを展示するスペースがあります。そのテーマを展示するスペースは、岡本太郎さんたちのグループがやっているのですが、地下が過去、地上がなんにもなくて現代の人間のアクティヴィティそのものを示す空間、塔の中のエスカレーターを上ってゆくと、スペース‐フレームの空中未来スペースがあります。さらにこのテーマ‐スペースを北に進むと、お祭り広場があります。その北側に、東西八〇〇メートルほどの人工の湖が横切っていて、その湖のさらに北側に、万国博美術館と、万国博ホールがあります。

逆に、メイン‐ゲートから南に下ると、南口に広場があって、そこに世界の名店街が並んでいる。その後ろに本部ビルがあって、全体の運営をしているわけですが、コンピューターのセンターがあって、全体の運営とか、交通の流れとかをコントロールしているのです。さらにその後ろは会場の中心で一番高くなっているところですが、そこに、外からも見やすく、そこに上れば会場全体が見えるという意味で、ランドーマークとしての塔を建てているのです。それがシンボルゾーンの構成ですが、幅一五〇メートルくらいあり、長さは一キロくらいあります。

シンボルゾーンから東西南北のサブのゲートを結ぶ枝になるところですが、東西南北のサブーゲートに向かって四本の装置道路が走っております。その装置道路沿いに月・火・水・木・金・土・日という広場が設けられており、こうしたサブ広場ごとに装置道路の乗り降り口があります。ですから動く人たちは装置道路に乗って、広場ごとのステーションから、広場に降りることができます。あるいは平面道路を歩く人もこうした広場にたどりつきます。それらの広場からその周囲に建っているパビリオンにはいるという形をとっております。シンボルゾーンとか、装置道路沿いとか、装置道路沿いのサブ広場の中に、万博協会が観客に対するサービスに必要ないろいろな施設が設けられております。それを私たちはエキスポーサービスといっていますが、インフォメーションとか、簡単なレストランとか、お茶を飲むところとか、あるいは洗面、便所とか、あるいは迷い子センターとか、あらゆるエキスポのサービスは、そういう動線に沿って配置されております。基幹施設をエレメントに分解すると、今いったような多種類のエレメントで構成されているわけです。

こうしたマスターープラン、マスターーデザインと建築デザインの段階で建築以外の領域との接触が激しく行なわれたことは、このプロジェクトの大きな特徴であったといえます。まず、マスタープランの段階では、テーマを担当された方に、さらに建築・土木・交通・造園といったフィジカル・プランニングの方面の方々との接触はすでにふれましたが、次のマスター・デザインの途中で、テーマ展示を担当される岡本太郎プロデューサーがはいってこられ、また、お祭り広場とか、エキスポ劇場の演出を担当される伊藤邦輔プロデューサーが決まり、他の領域との緊密なコオーディネーションが必要になったわけです。

岡本太郎さんのグループとの間のコオーディネーションは、わりとうまくいったように思います。私たちがほぼ考えていた基本的な、三次元的な空間のなかに、岡本太郎さんがわりとうまくテーマの空間を入れてくださった。全体のテーマ・スペースを地下・地上・空中に分けて、メイン・ゲートからはいってくるすぐの場所で一番大勢の観客が動く地表面は、大勢の観客が流動する玄関であり、そこから降りてゆくお祭り広場は、人間と人間とが交流する場であり、これらの地上面は現代の人間のエネルギーを、端的に示している場であって、それ自身が現代を表現している。その下の、地下に、人間の過去、あるいは人間のより本源的なものを示す展示、屋根に相当するスペース・フレームのなかに、人間の未来、あるいは人間の未来環境を示す展示をする。そういうふうなテーマ展示を提案されたのですが、それはわれわれの考えていた基本的な空間構成に非常にうまく合ったのです。地下と地上と空中を結ぶものとして、われわれ建築家だけで考えていた段階では、スペース・フレームにあけられた大きな円形の開口部に向かってエスカレーターが何本も上ってゆくというかなり建築的なイメージをもっておりました。それを岡本太郎さんが、過去と未来を結ぶものとして、そのなかにエスカレーターを仕込んだ太陽の塔をつくられた。それについて建築家のグループは、かなり抵抗を感じたんじゃないかと思います。私自身も最初に彼の案を見たときは、これは相当なものだと思ったのですが、会場全体が、メカニックにできているなかで、一つぐらい人間くささのあるものが出てくることはかえっていいのではなかろうかという気持で、それを受け入れていました。私自身は、あれでよかったと思うのですが、純粋建築家的な発想をされる方にとっては、かなり目ざわりなものだったかもしれません。この辺の問題は今後大いにディスカスすべきおもしろい問題をもっているように思います。

しかし、一つ、私として最初から気がかりで、今でも多少気がかりなのは、空中テーマ・スペースに上ってゆく上り方が、見えないということです。そういう意味では、最初の案は高さ三〇メートルくらい天に上るように、何本も平行してエスカレーターが並べられていたのですが、端的に空中のスペースへの上り方を示していたように思います。

そういう意味の、メリットがあったと思うのです。しかしあまりにも機械的だというデメリットもあったかもしれません。その辺のところはこれから大いにできたものについて討論すべき点であるかと思います。

未来空間については、もうすぐに建築がそれぞれのエレメントに分解されて、実際の建築の実施設計の段階にはいったあとで、テーマ－グループのほうで、だんだん空中テーマをどうしようかという具体案が必要になってきたのです。その段階で私も相談を受けて、川添登さんに空中テーマのサブ－プロデューサーになっていただいて、槇文彦さん、神谷宏治さん、それと黒川紀章さんに参加していただいて、未来空間をつくっていただこうということになったのですが、実はスペース－フレームを考えていたときからそういうことは予想されていたのですが、そこにカプセルをプラグインすることによって、スペース－フレームそのものに、未来空間的な意味をもたせようという考えを、秘めていたのです。この大屋根は未来の都市の中心になる広場を屋根でおおうべきであるという主張が一つ。もう一つは、スペース－フレームに、未来の空間都市、立体都市の一つのモデルとしての意味をもたせようという、二つの意味を兼ねて、スペース－フレームによる大屋根が考えられたといえましょう。さらに、未来空間のなかには、世界的な視野で、新しい考え方をだしていただきたいという希望がわれわれの間にあって、最初は、外国の建築家の方々にお願いして、いろいろなカプセルをつくっていただこうという話があったのですが、だんだんやっているうちに、予算が窮屈なことがわかって、主としてカプセルは日本側が用意するけれども、そのなかにいろいろなディスプレイをしていただくという参加のされ方しかできなかったのですが、イタリアのデ－カルロと、フランスのヨナ－フリードマン、オーストリアのホライン、カナダのサフディ、アメリカのアレキサンダー、ソビエトからグットノフ、イギリスからアーキグラム－グループのクロンプトンら七人の方々の参加を得て、結果としては、小さい展示物なのですが、そういう人たちに参加していただいたということは、非常に大きな意味があったと思います。

お祭り広場については、磯崎君が中心になって、いろいろな仕掛けを考えているのです。マルチーチャンネルのスピーカーーシステムとか、照明のシステムとか、それらがコンピューターでコントロールされる。さらに力持ちのロボットとか、音や光を出すロボットとか、そういう仕掛けがお祭り広場を装置化しています。

また移動座席があって空間を自由にアレンジできる。そういうふうにかなり自由な、立体的な四次元、五次元的な空間環境をつくる仕掛けが用意されております。

そこに演出の専門家として伊藤プロデューサーがはいってこられた。はいってこられたほうも、いきなりそれを理解することは、むずかしい。われわれ建築家のほうでは、その広場を、人間と機械が共存する環境だという考え方でスタートしているわけですが、なかなか機械設備を理解していただけなくて、そのコオーディネーションにだいぶ暇がかかったというようなことがあったのですけれども、結果としては、うまくいくだろうと思います。もう一つは、長さ八〇〇メートルほどの人工の湖があるのですが、その湖に噴水を造ろうという計画があったのです。どういう噴水を造るかという点に関しては、長い間討議されたのですが、結局、イサムーノグチさんが引きうけてくださり、その八〇〇メートルの長さの池に噴水を配置してくださった。ルネサンス時代の噴水は、彫刻と水が一体になって全体として水の彫刻であり、石の彫刻だったのですが、ある時代にはいりますと、水だけの噴水、つまり水芸になってしまったのです。ここで現代の彫刻と、現代の噴水技術というものが一体になったような、新しい噴水、新しい水の芸術がノグチさんによってつくりだされております。ノグチさんの彫刻、その彫刻が水を噴射したり、水を回転させるようなメカニズムをもったものなのですが、その現代の彫刻と、噴水の技術が一体となった新しい噴水がつくられました。それがまた一つの芸術家の参加の仕方だったわけです。

さらにこの会場のなかに芸術家の参加を求めようという気持が、建築家側にもあったし、芸術家側にもあったと思います。それがいくつかの形で現われております。その一つの現われとして、サブ広場をシンボライズするような彫刻を置くことが考えられました。それは美術評論家の方々があら選りをして作家を何人か選ぶ。つぎに作家の人たちに案を出していただいて、さらにそれによって作家をしぼる。最後に七人の芸術家が選ばれそれぞれ一つずつ広場を受けもっていただくという参加のされ方が一つ。もう一つは、世界中から彫刻家を集めて、シンポジウムをしようという動きができまして、たしか世界から七、八人と、日本から四、五人参加して、一二、三人だと思いますが、彫刻家が、鉄を素材にした彫刻のシンポジウムをされて、その成果を池の周辺に配置するという形で参加していただく。これが芸術家の参加した形だったと思います。

フィジカルなものと、ノンフィジカルなものとのコオーディネーション、あるいは機械的なものと、人間的なもののコオーディネーション、それらについて、このプロジェクトに参加されたみなさんは、たいへんおもしろい経験をされたんじゃないかと思います。そういうことを通じて、建築家、デザインをやる人、芸術家、あるいは演出をやる人、音楽家、こうしたあらゆる領域の技術と、芸術に関係する人たちが、特に若い人たちが、お互いに横に交流して、このプロジェクトをつくり上げてきたということは——これは基幹施設だけでなく、すべてのパビリオンについていえることだと思いますが——、日本の現代の芸術形成にとって、わりと大事な、あるいはわりと決定的な影響をもつのではないかと思います。

もちろんこういったものに対して反対される芸術家も、若人もたくさんいると思うのですが、しかしここでつくられたものに即して、それをさらに批判しながら、ねっから反対するんじゃなくて、これを批判しながら、さらにこの機会を一つの日本の芸術なり、文化を高めるモーメントとして利用し、効果的なものにしてゆくというほうが、私としては期待したいところだと思うのです。

私、おそらくこのプロジェクトに参加された方は、それぞれ苦労も多かったと思うし、努力されたと思いますし、それぞれまあよしあしはともかくとして、いろいろな経験をされたと思います。私もあしかけ六年間にわたる長い経験をしたわけですが、そのあいだで私の感じたことは、もうすでに申し上げてきたところですけれども、こういう大きなプロジェクトをやってゆく場合に、人間と人間とのコオーディネーションが、非常に大切なことだと思うことと、こういうプロジェクトを進行させてゆくうえで、あまりリジットな組織を先につくってしまいますと、動きがとれなくなる、それぞれの段階に応じた組織を常につくりながら、自分自身で発展してゆけるようなフレキシブルな、ソフトな組織で対応してゆくことが、一番いいんじゃないかということを感じました。

今度の場合もそういう意味では、調査、マスター-プラン、マスター-デザインそれから建築デザインそうして建設と、それぞれの段階に応じて非常にフレキシブルに組織替えをしていったと思います。そのなかで、人と人とのコオーディネーションが非常に大事でそれがないと何もできないということを強く感じました。これだけ大勢の人が参加したにもかかわらず、こんどの場合、わりとうまくいったのではないかと感じています。

最後に、私の気持を申し上げたいのですが、これは万博という一時的なものの建設だったわけですが、この会場のなかに挿入されている基幹施設は地下の配線配管などを含めて、未来都市の基幹施設そのものになりうるわけですから、この万博会場が、こうした基幹的なものを効果的に利用した新しいこれからの都市として、発展してゆくことを期待したいと思います。ここはおそらく、近畿圏の行政・経済・情報活動において、そうして文化創造の中枢となるような都市の、そのコアとなることと期待されます。

（一九七〇年四月）

（本編は、「建築文化」一九六〇年九月号、一九六三年四月号、一九六五年一月号、一九六七年五月号、一九七〇年四月号、「新建築」一九六七年五月号の掲載文より引用）

解説　建築と都市のインターフェース

藤森照信

この本には、一九六〇年代の丹下の言説を収載している。

五〇年代、広島ピースセンターや香川県庁舎や都庁舎によって、日本の戦後建築を世界のトップレベルまで引き上げた丹下は、いよいよ六〇年代に、世界のトップにまで到りつく。作品としては代々木のオリンピック競技場と、東京計画一九六〇が、ル・コルビュジエ以後の世代の頂点を画すことになる。

丹下がブラジリアのオスカー・ニーマイヤー邸でルシオ・コスタと会ったとき、コスタは丹下に、「ル・コルビュジエが、自分の後はタンゲ、と言った」と伝えている。たしかに、現在の目で振り返っても、代々木の競技場と東京計画一九六〇を凌ぐような作品は当時の世界にも見当たらない。

五〇年代、丹下は主な作品を『新建築』誌に発表していた。川添登編集長が〝伝統論争〟を仕掛けたのもその一環だった。ところが、その後、川添がジャーナリストとして独立したせいか、最高傑作の代々木の競技場について、丹下は、『建築文化』誌に最も力を込めた発表をしている。もう一つの最高傑作、東京計画一九六〇は、まず予備的な案を『週刊朝日』に小さく出し、最終案はＮＨＫテレビで発表し、その後『新建築』に出している。

丹下は、自作の発表についてきわめて意識的であり、また使う写真についても一枚一枚自分でレイアウトしないと納得しないほど、図像、画像については鋭敏であった。若いころからカメラを手作りしたり、一時は映画監督をめざしたほどなのである。

六〇年代の言説となると、建築関係より、都市デザイン関係に優れたものが多い。

丹下の都市計画への関心は、デザインだけには止まらなかった。というより、戦中より、数学を使った都市解析に取り組み、焼夷弾と焼失地域の分布の関係について解析をはじめていたと聞いたこともある。

資料がはっきりする都市への取り組みは、敗戦直後にはじまり、一九四六年、焼け跡の復興計画の開始と同時に、数式を駆使した「通勤現象に関する基礎理論」など学術論文を立て続けに発表し、戦後の都市と建築に関わる数値解析の基礎を据えている。

さらに、経済安定本部と関わり、〝安本〟からの依頼を受け『地域計画の理論』(一九五〇)をガリバン刷りの小冊子として出した。〝安本〟は後の経済企画庁であり、戦後の日本の高度成長の中核となった組織に他ならない。また戦中、革新官僚が日本を変えるべく組織した〝企画院〟の流れは、〝安本〟を経て経済企画庁へとつながっており、あるいは丹下は、政府の経済政策部門と企画院のころからつながりを持っていた可能性がある。

丹下の都市デザインについては、その造形にどうしても目を奪われがちだが、政治や経済や技術といった都市を動かす背後の力についても丹下は著しく敏感であったことを忘れてはならない。

たとえば、東京計画一九六〇の発想は、当時、日本住宅公団の総裁であった加納久朗《ひさあきら》の皇居移転計画から得ている。皇居を移転し、さらに東京湾を埋め立てて工場や住宅を作ろうという大計画を、日本デザインコミッティーの席上で聞き、丹下はヒラメく。加納は財界人にして政治家でもあった。

東京計画一九六〇は、デザイン的関心というよりは、政治や経済をにらんでの首都改造計画であり、丹下の念頭に〝仮想敵〟としてあったのは政府が進めている首都整備だった。それは、東京を同心円状に拡大しようというもので、戦前から始まり、近年の副都心計画につながる。

核が点の同心円状拡大ではやがてパンクすると考え、都市の核を線状に海上に伸ばそうと主張する。世界の古今東西の都市の歴史を見ても、中心となる都市の核が線状に伸びた例はないが、丹下にとっては、止まった点ではなく走る線こそが自分の弁証法的感覚に合っていた。

計画の肝所をなす伸びる中心軸は、実は、自分の造形的感覚から出てきたにもかかわらず、論文の中では、社会の動き、人口の動き、交通の動きから、巧みに伸びる軸の合理性を説明してみせる。

文を読み、案を見ているうちに、建築家ならずとも、グイグイと引き込まれてしまう。当時の財界人や政治家も大いに引き込まれ、NHKでの発表の後、いろんな人たちや団体から招かれ、政府の首都圏整備計画とは違う夢のある未来の東京像を語っている。

しかし現実には、政府の同心円的首都圏整備計画は微動だにせず、今日まで着々と進められ、その一環として湾岸の開発が実現した。

丹下の都市デザインは、丹下の終生変わらぬ執着にもかかわらず、ついに日本では場を得ることはなく、イタリアなどの海外に場を移して実現している。

本書に掲載された六〇年代の都市関係の言説は、丹下の〝果たし得ざりし志〟の足跡なのである。

（建築史家・建築家）

作品

① 東京計画―1960　模型の鳥瞰（既存の都心から都市軸が東京湾上にのびている）

② 東京計画—1960　東京湾上の都市軸の一部

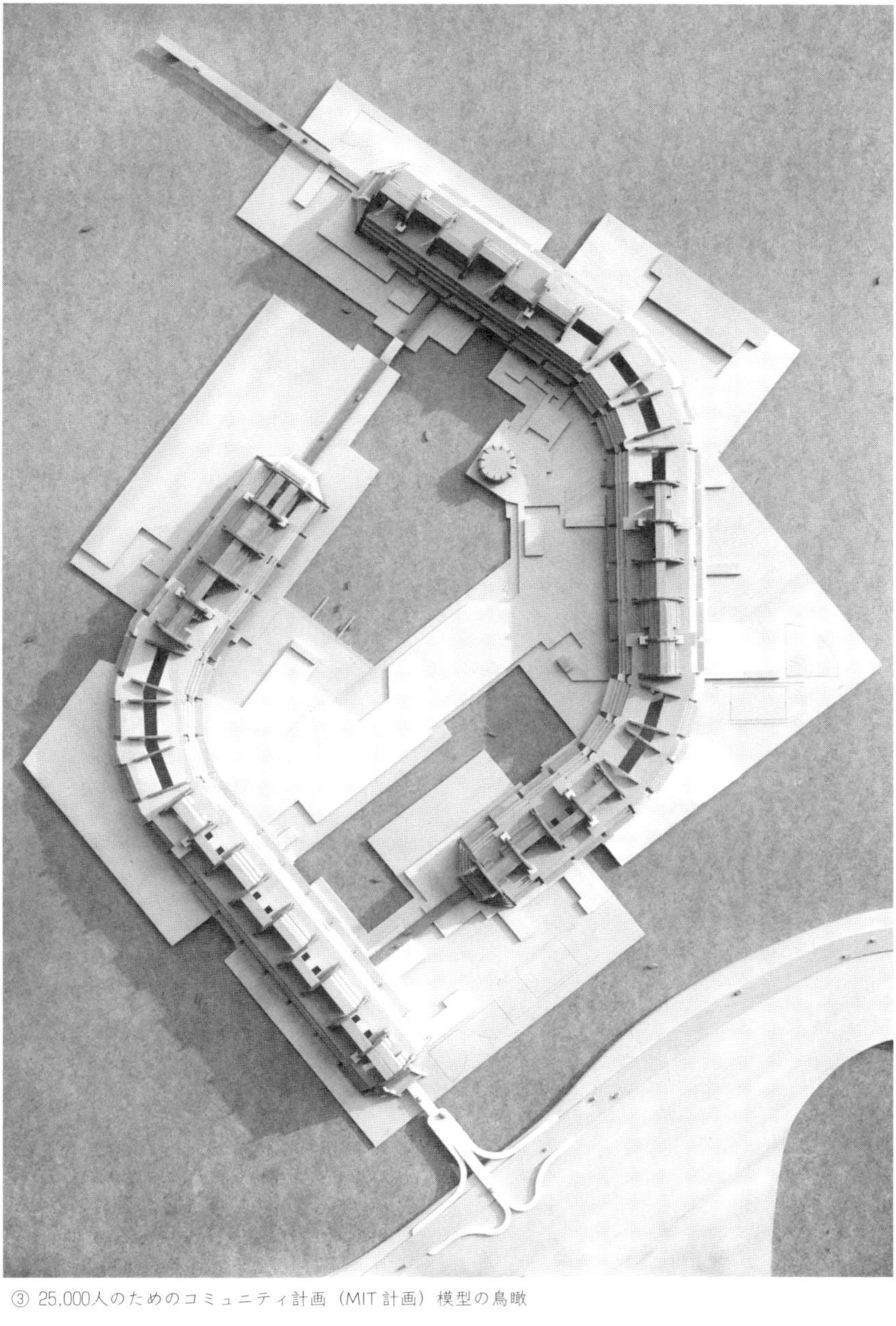

③ 25,000人のためのコミュニティ計画（MIT計画）模型の鳥瞰

④ 世界保健機構（WHO）本部ジュネーヴ計画　模型の鳥瞰

⑤ 戸塚カントリークラブハウス　南側外観

⑥ 築地計画　模型

⑦ 電通東京本社　第1次計画模型

⑧ 日南市文化センター　北側全景

⑨ 香川県立体育館　南西側全景

⑩ 東京カテドラル聖マリア大聖堂　鳥瞰

⑪ 東京カテドラル聖マリア大聖堂　内部詳細

⑫ 代々木国立屋内総合競技場　鳥瞰（左が主体育館，右が付属体育館）

⑬ 代々木国立屋内総合競技場　主体育館全景

⑭ 代々木国立屋内総合競技場　主体育館内部

⑮ 代々木国立屋内総合競技場　付属体育館内部詳細

⑯ ゆかり文化幼稚園　模型の鳥瞰

⑰ 電通東京本社　南側外観見おろし

⑱ 静岡新聞・静岡放送東京支社　南東側外観

⑲ 山梨文化会館　東側全景

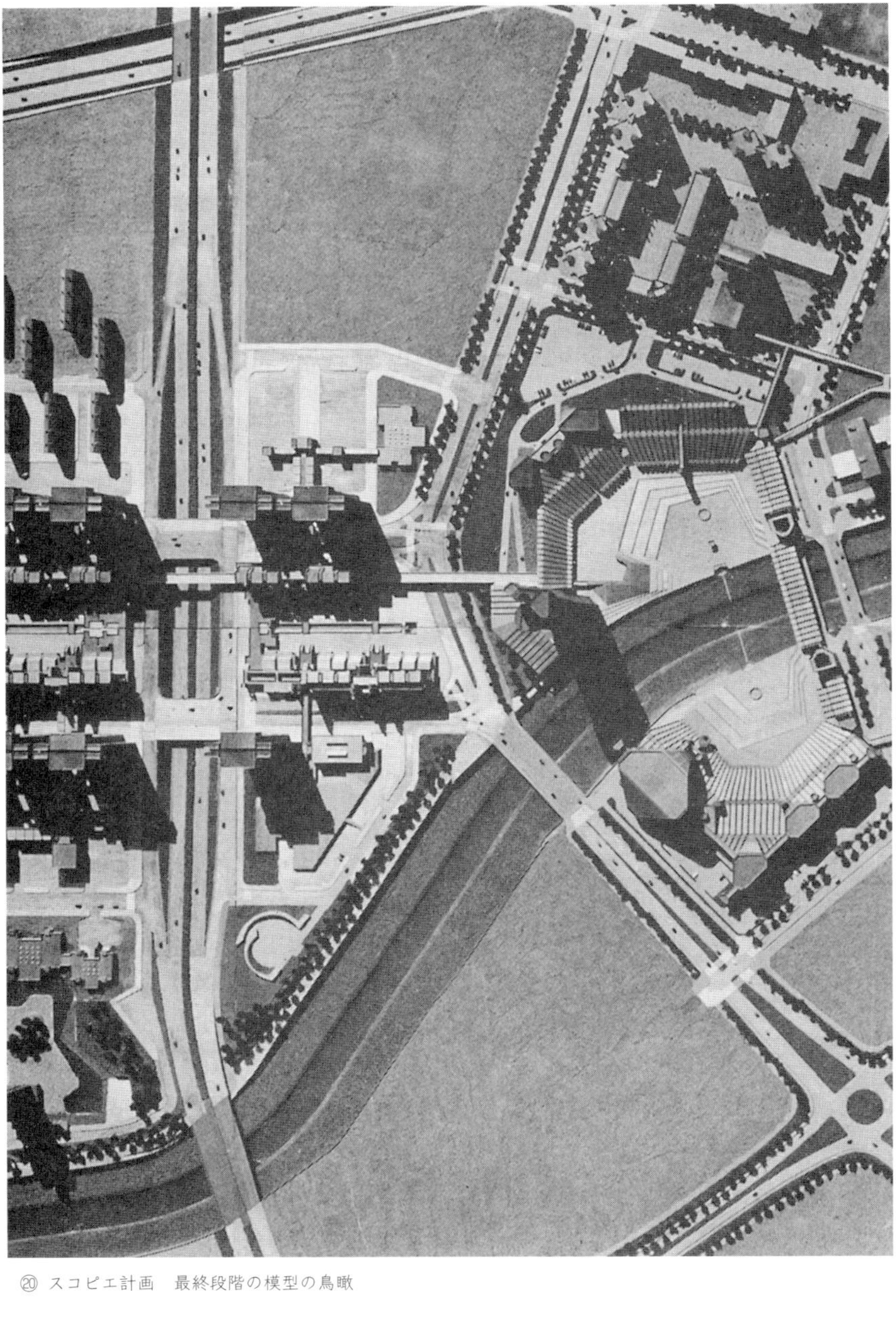

⑳ スコピエ計画　最終段階の模型の鳥瞰

㉑ スコピエ計画　最終段階の模型の鳥瞰

㉒ サンフランシスコ—イエルバブエナセンター再開発計画 模型中心部の鳥瞰
（協同：ジェラルド—マッキュー，ローレンス—ハルプリン，ジョン—ボールス）

㉓ ボローニア新開発地域計画　模型の鳥瞰

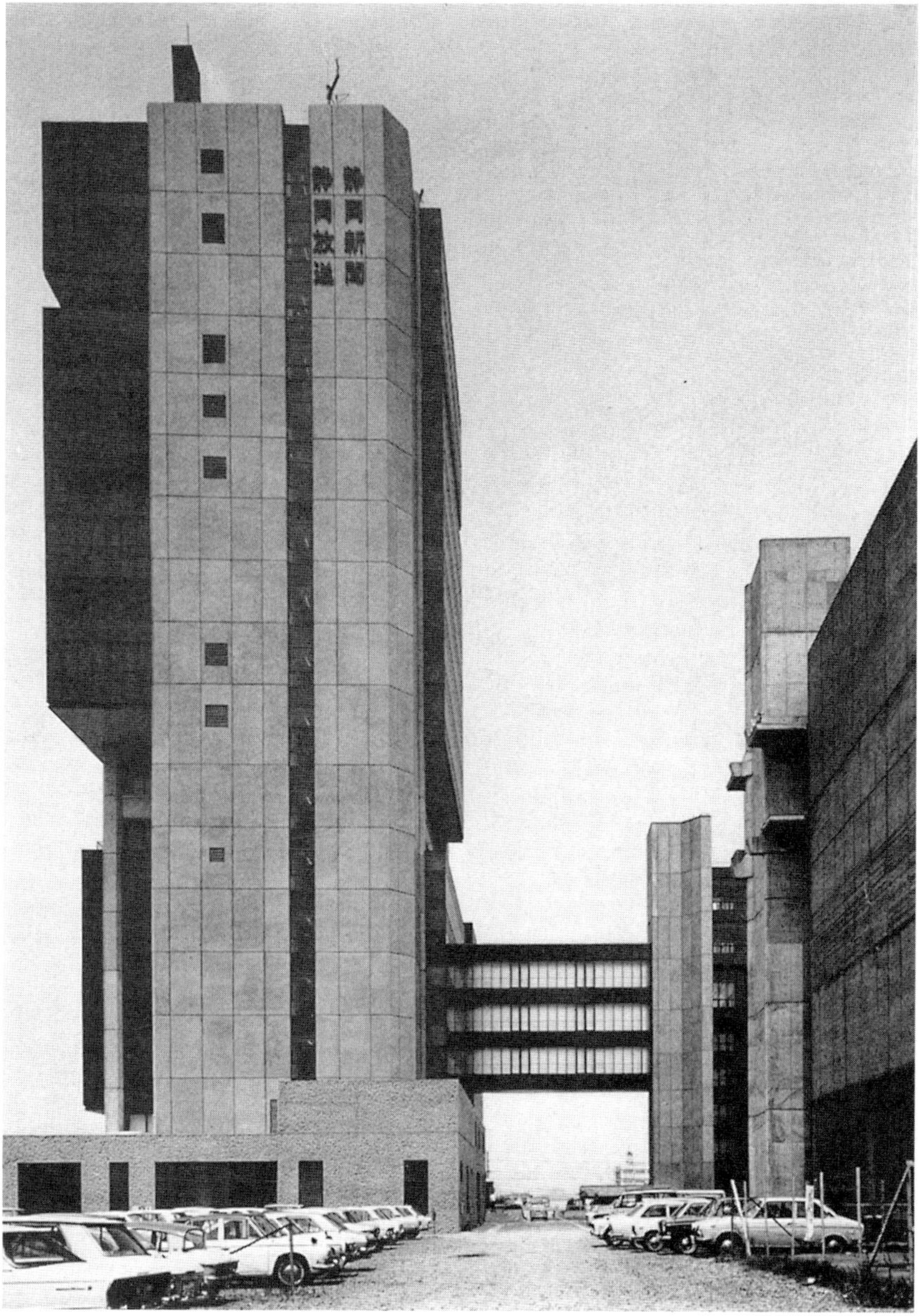

㉔ 静岡新聞・放送会館 1 号館　南東側全景

㉕ 日本万国博覧会　会場鳥瞰

㉖ 日本万国博覧会　お祭広場

丹下健三年表

凡例

※「丹下健三」欄の「　」内は論文著書、作品のあとの（　）内の年代は竣工年度。(Ⅰ)は「人間と建築―デザインおぼえがき」巻末に、(Ⅱ)は本書巻末に、それぞれ写真が掲載されているもの

※「日本の建築」「世界の建築」欄の「　」内は論文著書、〈　〉内は作品

年代

1905

1910

1920

1930

丹下健三

九月四日、大阪府に生まる（1913）

愛媛県今治市立第二小学校卒業（1926）

愛媛県今治中学校卒業（1930）

広島高等学校理科甲類卒業（1933）

東京大学工学部建築科卒業、東京大学工学部建築科より辰野賞を受賞（1938）

前川国男建築設計事務所勤務（1938－41）

「MICHELANGELO頌 ――Le Corbusier論への序説として」（1939）

日本の建築

ライト来日

武田五一〈福島邸〉

中村達太郎「日本建築辞彙」

久留正道〈帝国図書館〉

関野貞「平城京及大内裏」

渡辺譲〈前田邸〉

コンドル〈岩崎高輪別邸〉

片山東熊〈赤坂離宮〉

吉井、内田〈逓信省庁舎〉

佐野利器〈日本橋丸善〉

早稲田大学建築科設立

妻木頼黄〈日本赤十字社〉

コンドル〈三井家クラブ〉

野田俊彦「建築非芸術論」

後藤、横浜〈豊多摩監獄〉

竹中工務店〈大阪朝日新聞社〉

遠藤於菟〈東京日日新聞社〉

市街地建築物法、都市計画法

三菱地所〈三菱二号館〉

分離派建築会結成

京都大学建築科設立

創宇社結成

ライト〈帝国ホテル〉

同潤会結成

「新建築」創刊

内田、岸田〈東京帝国大学講堂〉

同潤会〈青山アパート〉

分離派建築会第七回作品展後解散

創宇社第八回展後解散

遠藤新〈甲子園ホテル〉

村野藤吾〈森五ビル〉

レーモンド〈アメリカ大使館〉

岡村蚊象〈東京歯科医学専門学校付属病院〉

同潤会〈江戸川アパート〉

世界の建築

ワイマール美術学校設立〈校長ヴェルデ〉

ライト〈ラーキン石鹸会社ビル〉

ペレー〈ポンチュウ街の車庫〉

ドイツ工作連盟結成

グロピウス、ベーレンスの事務所へはいる

コルビュジエ、ペレーの事務所へはいる

ガウディ〈カサ・ミラ〉

ミース、ベーレンスの事務所へはいる

ベーレンス〈AEGタービン工場〉

グロピウス独立

グロピウス〈ファグス靴工場〉

未来派建築宣言（サンテリアら）

サーリネン〈ヘルシンキ中央駅〉

コルビュジエ〈ラ・ショードフォンの別荘〉

「デ・スティール」発行

総ガラスカーテンウォール出現――ハリディビル

ワイマールにバウハウス設立

ミース〈フリードリヒ街事務所計画〉

ミース〈ガラスの摩天楼計画案〉

コルビュジエ「近代建築の五原則」

コルビュジエ〈パリ三〇〇万人のための都市計画〉

バウハウス、デッサウにうつる

グロピウス〈デッサウ・バウハウス校舎〉

ワイセンホフ・ジードルング建設

CIAM結成

CIAM第二回――生活最小限住宅

CIAM第三回――配置の合理化

コルビュジエ〈サヴォイ邸〉

バウハウス閉鎖

CIAM第四回――機能都市

ドイツ工作連盟解散

アアルト〈パイミオのサナトリウム〉

コルビュジエ「輝く都市」

一般

ポーツマス条約

パナマ運河着工

アインシュタインの特殊相対性理論

英仏露三国協商

第二インターナショナル――シュトゥットガルト大会

カサブランカ事件

ツェッペリン飛行船一二時間滞空

立体派おこる

伊藤博文暗殺さる

第一次世界大戦

パナマ運河開通

対中国二一ヵ条の要求

アインシュタインの一般相対性理論

ダダおこる

ロシア革命

第一次世界大戦終結

パリ講和会議

第三インターナショナル成立

国際連盟成立

ワシントン軍縮会議

JIS制定

関東大震災

シュールレアリスム宣言（ブルトン）

リンドバーグ大西洋横断飛行

パリ不戦条約

フレミング、ペニシリンを発見

世界大恐慌

ロンドン軍縮会議

満州事変勃発

ヒットラー、ナチス独裁政権成立

ニューディール政策

キュリー夫妻人工放射能を発見

美濃部達吉、天皇機関説を唱える

湯川秀樹、中間子理論

年代

1940
41
42
43
44
1945
1946
1947
1948
1949

丹下健三

日本建築学会主催、国民住居競技設計に一等入選
岸記念体育会館、社会事業会館の設計を担当（前川事務所時代）
東京大学大学院にて都市計画を研究（1946まで）
日本建築学会主催、大東亜建設記念営造計画に一等入選
在盤谷日本文化会館競技設計に一等入選
東京大学工学部建築科助教授となる
東京都主催、銀座地区と新宿地区の復興都市計画競技設計に共に二等入選
広島カトリック聖堂競技設計に二等入選
「住居地域の標準形態に関する研究」（講演）
「人口移動の地域構造」（講演）
「広島市復興都市計画の基礎問題」
広島市復興都市計画
広島平和記念カトリック聖堂計画
「建設をめぐる諸問題」
本郷文教地区計画
広島平和会館、および公園の競技設計に一等入選
「建築・絵画・彫刻——技術主義から人間の建築へ」
「広島市平和記念公園及び記念館競技設計当選図案——広島市平和記念都市に関聯して」
日本貿易博覧会外国館
新銀座ショッピングセンター計画

日本の建築

大蔵省営繕管財局〈国会議事堂〉
坂倉準三〈パリ万国博日本館〉
土浦亀城〈強羅ホテル〉
堀口捨己〈若狭邸〉
住宅営団発足
新体制協議会
前川国男〈岸記念体育会館〉
技術院設立
西山卯三「食寝分離論」
マンフォード「技術と文明」
タウト「桂離宮」
登呂遺跡発見さる
西山卯三「国民住宅論考」
戦災復興院設置
東京都再建計画コンペ
「建築文化」創刊
「新建築」復刊
新日本建築家集団NAU結成
西山卯三「これからのすまい」
浜口隆一「ヒューマニズムの建築」
太田博太郎「日本建築史序説」
前川国男〈紀伊国屋書店〉
前川国男〈組立住宅プレモス〉
建設省発足
都建築局〈高輪アパート〉
広島平和都市建築法公布
法隆寺金堂壁画焼失
NAU機関紙「NAUM」創刊
白井晟一〈秋の宮村役場〉
谷口吉郎〈慶応大学学生ホール〉
NAU〈新日本文学館〉
小坂秀雄〈東京逓信病院看護学院〉
建設省〈戸山ハイツ〉

世界の建築

マンフォード「技術と文明」
ライト〈落水荘〉
CIAM第五回——建築の工業化
ネルヴィ〈ローマの大格納庫〉
SOM開設
ギーディオン「時間・空間・建築」
ライト〈フロリダ-サザン-カレッジ〉
ローマ博
ジョンソン〈自邸〉
コルビュジエ〈アルジェ基本計画〉
ニーマイヤー〈ブラジル教育保健省庁舎〉
ASCORAL創立（コルビュジエ）
ニーマイヤー〈聖フランシスコ教会〉
英ニュータウン設置調査委員会設置
コルビュジエ〈サン-ディエ都市計画案〉
グロピウスTACを結成
ブレーク、バケマ〈アムステルダムのリンバーン地区再建計画〉
CIAM第六回——ヨーロッパの復興
大ロンドン計画着手
ミース建築展
ノイトラ〈カウフマン邸〉
ブロイヤー〈自邸〉
フラー〈ダイマクシオン住宅〉
国際建築家連合（UIA）発足
アアルト〈MIT寄宿舎〉
CIAM第七回——住宅の連帯性
ライト〈ジョンソン-ワックス研究所〉
ジョンソン〈ガラスの家〉
ノイトラ〈砂漠の家〉
ブロイヤー〈成長する家〉

一般

二・二六事件
日独伊三国防共協定
蘆溝橋事件、中日戦争勃発
第二次世界大戦勃発
日独伊三国同盟成立
独ソ戦勃発
大西洋憲章発表（チャーチル、ルーズヴェルト）
太平洋戦争突入
スターリングラードの攻防戦
フェルミ、原子炉完成
日本軍南洋諸島で敗退
本土初空襲
イタリア降伏
ダンバートン-オークス会議
ポツダム宣言
広島・長崎に原爆投下
極東軍事裁判
日本国憲法公布
ビキニ原爆実験
トルーマン-ドクトリン宣言
マーシャルプラン発表
コミンフォルム結成
労働基準法公布
六・三制実施
新憲法発効
ソ連ベルリン封鎖
国連世界人権宣言
北大西洋条約調印
中華人民共和国成立
湯川博士ノーベル賞受賞
日本学術会議成立

1950	日本貿易産業博覧会第二生産館 名古屋放送会館計画	建築基準法、文化財保護法公布 池辺陽〈立体最小限住宅〉	コルビュジエ「モデュロール」 ミース〈ファンスワース邸〉	朝鮮戦争勃発 レッドパージ
1951	CIAM第八回会議に出席し、広島平和会館、および公園の計画を報告 「現代建築の課題——機械と手との葛藤、マチスと建築を語る」 広島平和会館原爆記念陳列館（1952）① サロン・ド・メ展 広島子供の家（1953）	公営住宅法公布 都市計画学会創立 NAU解散 坂倉準三〈鎌倉近代美術館〉 レーモンド〈リーダーズ・ダイジェスト東京支社〉 武基雄〈仙台市公会堂〉	CIAM第八回——都市の核 UIA第二回会議 第一回世界デザイン会議 サンパウロ第一回ビエンナーレ シャンディガール建設着手 ミース〈レイクショア・ドライヴ・アパート〉	サンフランシスコ平和条約調印 日米安全保障条約調印 日本、ラジオ民間放送開始
1952	東京都庁舎の指名競技設計に一等入選 広島平和会館本館（1955）① 愛媛県民館 住居（1953）① 外務省庁舎計画 東京都庁舎（1957）①	日本建築士連合会、日本住宅協会発足 ノイトラ来日 リチャーズ「近代建築とは何か」 「建築士」「建築界」「都市計画」創刊 前川国男〈日本相互銀行本店〉 松田、平田〈ブリヂストンビル〉	マンフォード「芸術と技術」 ライト〈D・ライト邸〉 オゴルマン〈メキシコ大学都市〉 SOM〈レヴァー・ハウス〉 アアルト〈セイネトサロのタウンホール〉 コルビュジエ〈マルセイユのユニテ〉	エリザベス女王即位 欧州防衛共同体条約調印 アイゼンハワー大統領当選 エジプトでナギブ将軍のクーデター成功 メーデー事件
1953	広島平和会館公会堂計画 津田塾大学図書館（1954） 清水市庁舎（1954）	伝統論争おこる 山田守〈厚生年金病院〉 吉阪隆正〈自邸〉	CIAM第九回——住宅憲章 グロピウス、TAC〈バック・ベイ・センター計画〉	スターリン死去 朝鮮戦争休戦 日本、テレビジョン放送開始
1954	日本建築学会作品賞受賞〈愛媛県民館〉 武基雄、池辺陽らと「例の会」を結成 「広島計画 一九四六—一九五三——とくにその平和会館の建設経過」 「フィクションとリアリティについて——虚構と実在」 「デザインと構造について」 国立国会図書館計画 図書印刷株式会社原町工場（1955）	建築研究団体連絡会、例の会結成 日本建築学生会議結成 国会図書館コンペ——前川国男一等 グロピウス来日 ペヴスナー「ヨーロッパ建築史序説」 前川国男〈神奈川県立音楽堂・図書館〉 大江宏〈東洋英和小学校〉	ニュー・ブルータリズム コルビュジエ〈ロンシャンのノートルダム・デュオー教会〉 ワックスマン〈格納庫試案〉	原子力潜水艦ノーチラス号進水 アルジェリア民族解放戦争 ジュネーヴ極東平和会議（インドシナ休戦） 自衛隊発足 ビキニ水爆実験
1955	日本建築学会作品賞受賞（図書印刷原町工場） 「現在日本において近代建築をいかに理解するか——伝統の創造のために」 「近代建築をいかに発展させるか」 「建築と現代芸術」（講演） 倉吉市庁舎（1957） 香川県庁舎（1958）①	日本、UIAに加盟 住宅公団発足 現代建築史研究会発足 モデュール研究会発足 白井晟一〈松井田村役場〉 前川、吉村、坂倉〈国際文化会館〉	サーリネン〈MIT講堂とチャペル〉 カーン〈エール大学アート・ギャラリー〉 ルドルフ〈ウェルズレイ大学アート・センター〉 ミース〈IIT建築科教室〉	ジュネーヴ四国巨頭会談 アジア・アフリカ会議 第一回原水爆禁止世界大会
1956	「五万人の広場——広島ピースセンター完成まで」 「現代建築の創造と日本建築の伝統」 「創作方法論定着への試み」 「日本の建築家——その内部の現実と外部の現実」 「建築設計家として民衆をどう把握するか——おぼえがき」	首都圏整備法制定 日本建築家協会発足 五期会結成 浜口隆一「現代建築の不安と危険」 伊藤ていじ「狂い咲きの桂離宮」 MIDO〈福島県教育会館〉 吉阪隆正〈ヴェニス・ビエンナーレ日本館〉	CIAM第一〇回——住宅憲章、再編成決議 ライト〈プライスタワー〉 LCC〈ロウボロー団地〉 フラー〈ホノルルの音楽堂〉 コルビュジエ〈シャンディガール司法省〉	スターリン批判 スエズ動乱 ハンガリー動乱 日本、国連加盟

年代	丹下健三	日本の建築	世界の建築	一般
	草月会館（1958）Ⓘ 墨会館（1957）Ⓘ	坂倉準三〈東急文化会館〉		
1957	日本建築学会作品賞受賞（倉吉市庁舎） サンパウロ国際ビエンナーレ展の建築部門の審査員として招待される 「東京都庁舎」 静岡市体育館（駿府会館）Ⓘ 今治市庁舎・公会堂（1958）Ⓘ	世田谷区民会館・京都会館指名コンペ――前川国男一等 横浜シルク－センター－コンペ――坂倉準三一等 村野藤吾〈東京読売会館〉 芦原義信〈中央公論ビル〉	ベルリンでインター－バウ（国際建築展） トロント市庁舎コンペ ライト〈アリゾナ州庁舎計画〉 アアルト〈ヘルシンキ年金会館〉 ＢＢＰＲ〈トッレ－ヴェラスカ〉 コルビュジエ〈ラ－トゥーレット修道院〉	西欧六ヵ国欧州共同市場、欧州原子力機関調印 北大西洋条約機構首脳会談 ソ連ＩＣＢＭ実験成功、人工衛星打上げ成功
1958	日本建築学会一九五八年度作品賞受賞 ＡＩＡハワイ－チャプターより、汎太平洋賞の第一回を受賞 「都庁舎の経験」 「建築家よ都市像を持とう」 「ＨＰシェルによる空間」 「無限のエネルギー――コンクリート」 「芸術の創造性について」 トロント市庁舎計画 電通大阪支社（1960）Ⓘ 倉敷市庁舎（1960）Ⓘ 東京都庁舎綜合計画Ⓘ	国際建築ゼミナール東京で開催 フラー来日 「公共建築」「建築知識」創刊 伊藤、磯崎、川上「小住宅設計ばんざい」 菊竹清訓〈スカイハウス〉 前川国男〈晴海高層アパート〉 建設省〈国立陸上競技場〉 内藤多仲〈東京タワー〉	ブリュッセル万国博 第一回都市再開発国際セミナー開催 ミース、ジョンソン〈シーグラム－ビル〉 ＳＯＭ〈インランド－スティール－ビル〉 ブロイヤー、ネルヴィ他〈ユネスコ本部〉 サーリネン〈エール大学ホッケーリンク〉 アアルト〈文化の家〉	アラブ共和国、アラブ連邦成立 フランス第五共和制 アメリカ人工衛星打上げ成功 ソ連核実験停止発表 アジア競技大会東京で開催
1959	フランス「今日の建築」誌の国際建築美術賞の第一回を受賞（東京都庁舎、草月会館） 東京大学より工学博士の学位を受ける 〈論文「大都市の地域構造と建築形態」〉 ＭＩＴ建築学部の客員教授として招待され、ハーバード大学、エール大学などで「技術と人間性」「伝統と創造」などの講演を行なう（1960まで） 「香川県庁舎の設計にさいして」 「高度制限の解除と容積コントロールを提案する」 「日本の伝統の変革――民衆の生命力」 立教大学図書館（1960） 今治信用金庫本店（1960）	一九五九年展――これからの都市 伊藤ていじ「日本の民家」 稲垣栄三「日本の近代建築」 村松貞次郎「日本建築技術史」 コルビュジエ〈西洋近代美術館〉 前川国男〈世田谷区民会館〉 村野藤吾〈関西学院大学図書館〉 白井晟一〈善照寺〉 武基雄〈長崎水族館〉 菊竹清訓〈海上都市案・塔状都市案〉	第六回国際建築学生会議 ＣＩＡＭ最後の会議 ライト死去 アアルト〈メゾン－カレ〉 サーリネン〈ＴＷＡターミナル－ビル〉 ライト〈グッゲンハイム美術館〉 ネルヴィ〈ローマオリンピック競技場〉 ルドルフ〈サラソタ高等学校〉	欧州経済共同体発足 ソ連ロケット月に命中 国連で完全軍縮提案
1960	東京で開催された世界デザイン会議のプログラム－チェアマンを務める ＷＨＯ（世界保健機構）のジュネーヴ本部の国際指名競技設計に参加 メキシコ建築家協会の名誉会員となる	世界デザイン会議東京で開催 丸の内地下駐車場 「建築年鑑」創刊 「建築」創刊 八田利也「現代建築愚作論」	ルクセンブルグ国立劇場コンペ ネルヴィ、ポンティ〈ピレリ－ビル〉 カーン〈ペンシルヴェニア大学医学研究所〉 ウッツォン〈キンゴーの集団住宅〉	ソ連衛星船打上げ成功 ローマオリンピック 韓国クーデター、李承晩追放 安保闘争 日米新安保条約発効

	日本建築業協会賞受賞〈香川県庁舎〉 「柱——日本建築における伝統と創造」 「流動と安定——二五、〇〇〇人のためのコミュニティー計画」 「建築、都市について」 「彫刻家、イサム・ノグチ」 「海に浮ぶ未来都市」 「きのうきょう」（朝日新聞に連載） WHO（世界保健機構）本部(Ⅱ) 熱海ガーデンホテル（1961）(Ⅰ) 東京計画—一九六〇(Ⅱ) 二五、〇〇〇人のコミュニティ計画(Ⅱ)	村野藤吾〈都ホテル佳水園〉 前川国男〈京都文化会館〉 前川国男〈学習院大学〉 吉阪隆正〈日仏会館〉	LCC〈ローハンプトン団地〉 ニーマイヤー〈ブラジリア議会場〉	浅沼社会党委員長刺殺さる
1961	丹下健三＋都市・建築設計研究所として設計の共同体制をつくる 東京大学に都市工学科の新設の準備に参加（1962まで） 「夢を築く海上都市」 「住居群構成の概念と方法——空間体系の自由と秩序」 「東京計画—一九六〇——その構造改革の提案」 「都市と建築」 「技術と人間」（講演） 高松一の宮住宅団地（1964） 戸塚カントリークラブハウス(Ⅱ) 日南市文化センター（1962）(Ⅱ)	建築学会大都市対策研究委員会設置 コルビュジエ展東京で開催 NHKTVセンターコンペ——山下、梓日本技術開発一等 大谷幸夫「Urbanics 試論」 前川国男〈東京都記念文化会館〉 MIDO〈国立国会図書館〉 レーモンド〈群馬音楽センター〉 RIA〈朝鮮大学〉	UIA第六回会議 WHO本部指名コンペ サーリネン死去 ルーズベルト記念碑コンペ シアトル・シヴィック・センター・コンペ——松下・志水案一等 アアルト〈ヘルシンキ・センター計画〉 ジョンソン〈イスラエル原子核研究所〉	ケネディ大統領就任 アイヒマン裁判はじまる ラオス内戦 キューバ反革命失敗 韓国軍事革命 ソ連、人間宇宙船打上げ成功 アメリカ、人間ロケット打上げ成功
1962	フローレンス・アートアカデミーの名誉会員となる バッファロー美術アカデミーの名誉会員となる アメリカニューヨーク州バッファロー大学の一〇〇年祭に招待され、「現代芸術と建築の協力」について講演、名誉美術博士号をうける ドイツ・エッセン市にて開催された建築および都市計画世界会議に招かれ「現代文明と都市」について講演 ドイツ・シュトゥットガルト工科大学より名誉工学博士号をうける 「伊勢——日本建築の原形」 「あなたの都市はこうなる 成長——東京計画 1960」 代々木 国立屋内総合競技場（1964）(Ⅱ) 香川県立体育館（1964）(Ⅰ)	東大に都市工学科新設 ライト展 リチャーズ来日——レヴュウ誌に日本特集 村野藤吾〈早稲田大学文学部校舎〉 吉阪隆正〈アテネフランセ〉 谷口吉郎〈資生堂ビル〉 今井兼次〈日本二六聖人殉教記念館〉	第一回アフリカ・アジア住宅会議 ライト〈マリン郡庁舎〉 アアルト〈セイナヨッキ・シヴィック・センター〉 サーリネン〈TWAターミナル・ビル〉 サーリネン〈ダレス空港ターミナル・ビル〉 ルドルフ〈エール大学美術建築学部〉	キューバ危機 アルジェリア独立 フルシチョフソ連首相、平和共存路線を打ち出す 若戸大橋完成

年代	丹下健三	日本の建築	世界の建築	一般
1963	東京大学工学部都市工学科教授 AIAの名誉会員となる 「世界保健機構WHO本部——ジュネーブ計画案」 「都市の将来」 東京カテドラル聖マリア大聖堂（1964） 艶金興業株式会社岐阜工場（1964）	地域開発センター発足 国立劇場コンペ——岩本博行チーム一等 国立国際会館コンペ——大谷、沖一等 日本武道館指名コンペ——山田守 菊竹清訓〈出雲大社庁の舎〉 大高正人〈人工土地計画〉 村野藤吾〈日生ビル〉	UIA第七回会議 シャロウン〈ベルリン－フィルハーモニック－ホール〉 スターリング〈レスター大学工学部校舎〉 ヤマサキ〈IBMシアトルオフィス－ビル〉	中ソ論争深刻化 ケネディ大統領暗殺さる 宇宙中継成功 黒四ダム完成
1964	イタリア－ミラノ工科大学一〇〇年祭に招かれ名誉建築学博士号をうける ケネディ－メモリアル－ライブラリー設立準備国際委員会の委員として招待さる ドイツ芸術アカデミー建築部門名誉会員 代々木国立屋内総合競技場の設計者としてIOCよりディプロマ－オブ－メリット（功労賞）をうける 「世界最大の吊り屋根構造——国立屋内総合競技場」 「建築と現代芸術」 「日本列島の将来像——東海道メガロポリスの形成」 今治市民会館（1965） 山梨文化会館（1966）Ⓘ	日本建築総合試験所発足 容積地区制公布 菊竹清訓、汎太平洋建築賞受賞 第一回日本建築祭 浪速芸術大学コンペ——高橋靗一チーム一等 「SD」創刊 高山、芦原他〈駒沢オリンピック公園〉 大谷幸夫〈東京都児童会館〉 横山公男〈大石寺客殿〉	ニューヨーク世界博開催 SOM〈エール大学図書館〉 ゴールドバーグ〈マリナ－シティ〉 サーリネン〈ビューモント劇場〉 コルビュジエ〈ハーバード大学視覚芸術センター〉 アアルト〈ヘルシンキ－センター〉 ヨハンセン〈ダブリンのアメリカ大使館〉	フルシチョフ首相辞任 中国核実験 オリンピック東京大会 東海道新幹線開通 新潟地震
1965	朝日新聞社より一九六五年度の朝日賞をうける（代々木国立屋内総合競技場） RIBAより一九六五年度のローヤル－ゴールド－メダルを受賞 フィリピン建築家協会の名誉会員となる ペルー建築家協会の名誉会員となる 日本建築学会特別賞（代々木国立屋内総合競技場） 美術出版社より建築年鑑賞をうける（代々木国立屋内総合競技場） ユーゴスラビア－スコピエ市再建都市計画の国際指名競技設計に一等入選 「国立屋内総合競技場の経験」 「日本列島の将来像」 「空間と象徴」 「東海道メガロポリスの提案」（講演）	日本建築センター発足 日本建築センター展示場コンペ——大林組チーム一等 古都保存法公布 大高正人〈花泉農協会館〉 大谷、沖〈天照皇大神宮教本部〉	UIA第八回会議 エキスティクス世界会議開催 ベルリン図書館コンペ——シャロウン一等 ヤマサキ〈ミネアポリス－オフィス－ビル〉 ルドルフ〈エンドー製薬工場研究所〉 サーリネン〈ディア－カンパニー－センター〉	アメリカ軍北ベトナム爆撃開始 宇宙遊泳にはじめて成功 日韓基本条約、関係協定調印 三矢作戦問題化 朝永振一郎ノーベル賞受賞

	「都市化と日本の文化」 「都市づくりの条件――スコピエの場合」 東京カテドラル聖マリア大聖堂 名神高速道路付属事務所、レストハウス（1966） 電通東京本社（1967）Ⅱ			
1966	AIAの名誉会員となる ニューヨーク市、アーキテクチュラル・リーグより特別賞をうける（代々木国立屋内総合競技場） アメリカ芸術院（アメリカン・アカデミー・オブ・アート・アンド・レター）の名誉会員となる AIAよりゴールド・メダルを受賞（建築および都市計画の功績に対して） 「日本列島の将来像――二一世紀への建設」 「現実と創造 丹下健三 1946―1958」 スコピエ・シティ・センター再建計画Ⅱ 聖心女子大学（1967） ゆかり文化幼稚園（1967）Ⅱ 静岡新聞・静岡放送東京支社（1967）Ⅱ	美観論争おこる――海上ビル 前川国男〈蛇の目ビル〉 大谷幸夫〈国立京都国際会館〉 前川国男〈埼玉会館〉 磯崎新〈大分図書館〉 磯崎新〈岩田学園〉 竹中設計部（岩本博行）〈国立劇場〉 芦原義信〈ソニービル〉 日建設計〈パレスサイドビル〉 谷口吉郎〈帝国劇場〉 村野藤吾〈千代田生命保険相互会社〉	第二回アフリカ・アジア住宅会議 レヴェル〈トロント市庁舎〉 SOM〈ランベルト銀行〉 ゲデス〈サイエンスセンター計画〉 カーン〈ソーク生物学研究所〉 SOM〈シカゴ・シヴィック・センター〉 ホライン〈レッティろうそく店〉 ブロイヤー〈ホイットニー美術館〉	中国文化大革命、紅衛兵旋風 ベトナム戦争悪化
1967	ドイツ建築家協会の名誉会員となる フランス進歩推進協会ゴールド・メダルを受賞 プエルトリコ芸術院の名誉会員となる アメリカ芸術科学アカデミーの外国人名誉会員となる スコピエ市の名誉市民となる 「モントリオール万国博診断」 「建築からアーバンデザインへ」 「コミュニケーションの場としての空間」 聖心女子学院インターナショナルスクール（1968） ニューヨーク・フラッシングメドウ公園に建つスポーツ文化施設	日本万国博会場起工式 帝国ホテル旧館とりこわし問題 帝国ホテルを守る会発足 五期会活動再開 「国際建築」休刊 芦原義信〈モントリオール万国博日本館〉 大高正人〈千葉県文化会館〉	UIA第九回会議 モントリオール万国博――フラー〈アメリカ館〉、オットー〈ドイツ館〉、サフディ〈アビタ'67〉 SOM〈ジョン・ハンコック・センター〉 サーリネン〈ベル・テレフォン研究所〉	東京都知事選、美濃部亮吉当選 中東戦争勃発 中国、水爆実験に成功 羽田事件 ワシントンで反戦大集会 ソ連、人工衛星軌道上で無人ドッキング成功
1968	ユーゴスラビア星条勲章を授与さる デンマーク建築家協会（ADA）メダル・オブ・オナー 「都市建築への接近」 「都市のイメージ」 「技術と人間 丹下健三 1955―1964」 上武広域都市開発基本計画 在日クエート大使館（1970）	三菱旧一号館とりこわし 「都市住宅」創刊 都市計画法成立 文化庁発足 万博お祭り広場起工式 白井晟一〈親和銀行本店〉 霞が関ビル建設委員会〈霞が関ビルディング〉	バウハウス五〇年展 ヴェニス・ビエンナーレ、学生封鎖試みる UIA第10回会議 アーキグラム〈インスタント・シティ〉 ローチ〈フォード財団ビル〉 SOM〈イリノイ州立大学シカゴ分校〉 コールマン、マッキンネル、ノールズ〈ボストン市庁舎〉	えびの地震、十勝沖地震 公害問題化（イタイイタイ病、水俣病） パリ和平会談開始 フランスゼネスト 大学紛争全国に波及 ソ連軍、チェコに侵入 日本初の心臓移植手術 メキシコオリンピック

年代	丹下健三	日本の建築	世界の建築	一般
	静岡新聞・放送会館（1979）Ⓘ	磯崎新〈福岡相互銀行大分支店〉	スターリング〈ケンブリッジ大学歴史科棟〉	アメリカ、有人宇宙船アポロ八号月周回飛行成功
1969	「シンボルゾーンの大屋根」 日本万国博会場マスター－プランと基幹施設マスター－デザイン（1970） サンフランシスコ－イエルバブエナセンター再開発計画Ⓘ	最高裁判所庁舎コンペ——岡田新一一等 都市再開発法成立 坂倉準三死去 菊竹清訓〈萩市民館〉 谷口吉郎〈東京国立近代美術館〉	グロピウス死去 ミース死去 ヨハンセン〈クラーク大学図書館〉 ルドルフ〈グラフィック－アーツ－センター〉	東大安田講堂の封鎖解除 アポロ一一号月着陸成功 カドミウム公害問題化 大学運営臨時措置法施行 ソンミ虐殺事件
1970	ホンコン大学の名誉博士となる ローマ法皇－サングレゴリオ賞を受賞 アメリカ一九七〇年度トマス－ジェファーソン－メダルを受賞 アメリカ室内デザイナー協会－ゴールデン－トライアングル賞を受賞 イギリス－シェフィールド大学の名誉博士となる 「丹下健三　建築と都市設計　1946—1969」（英独仏文版、スイス－アルテミス社） 「万国博の計画と未来都市」 ボローニア新開発地域計画Ⓘ クエート－スポーツセンター（進行中）	日本万国博開催さる 飛鳥古京保存運動活発化 建築基準法改正案国会通過 大高正人〈栃木県議会棟庁舎〉 日建設計〈世界貿易センタービル〉	ノイトラ死去 サフディ〈トロパコ－リゾートホテル〉 ベルスキ〈ジュリアード音楽学院〉	人工衛星「おおすみ」打上げ成功 公害問題国際シンポジウム開催さる よど号乗取事件 中国、初の人工衛星打上げ成功 米軍、カンボジアへ直接介入

写真撮影（五十音順）
荒井政夫　⑩⑯（新建築社）
川澄明男　①②
彰国社写真部　⑪⑰⑱㉕㉖カバー
二川幸夫　⑭
村井　修　④⑥⑦⑧⑨⑬⑮⑲⑳㉑㉓㉔
村沢文雄　③
渡辺義雄　⑤
写真撮供
アオヤマ-フォト-アート　⑫
Gerald Ratto Photography　㉒

著者略歴

丹下健三（たんげ・けんぞう）

1913 年、大阪府生まれ
1935 年、東京帝国大学（現・東京大学）工学部建築科卒業後、前川國男建築事務所に入所
1942 年、大東亜建設記念営造計画設計競技に 1 等入選
1949 年、東京大学大学院を修了後、同大学建築科助教授に就任
1951 年、CIAM に招かれ、ロンドンで広島計画を発表
1961 年、丹下健三・都市・建築設計研究所を設立
1963 年、東京大学工学部都市工学科教授に就任（1974 年まで、その後名誉教授）
フランス建築アカデミーゴールドメダル受賞
1964 年、ミラノ工科大学名誉建築学博士
1965 年、イギリス王立建築家協会ゴールドメダル受賞
1966 年、アメリカ建築家協会ゴールドメダル受賞
1972 年、ハーバード大学客員教授
1976 年、西ドイツ政府よりプール・ル・メリット勲章受章
1980 年、文化勲章受章
1983 年、フランス、アカデミーフランセーズ正会員に選出
1986 年、日本建築学会大賞（日本における現代建築の確立と国際的発展への貢献）
1987 年、アメリカ政府よりプリッツカー賞受賞
1993 年、高松宮殿下記念世界文化賞建築部門受賞
1996 年、レジオンドヌール勲章受章
1997 年、清華大学名誉教授
2005 年、死去

[主な建築作品]
広島平和記念資料館（1952）
丹下健三自邸（1953）
広島平和会館本館、図書印刷原町工場（1955）
旧東京都庁舎、倉吉市庁舎（1957）
香川県庁舎（1958）
東京カテドラル聖マリア大聖堂（1964）
国立屋内総合競技場（1964）
山梨文化会館（1966）
日本万国博覧会会場マスタープラン・お祭り広場（1970）
草月会館（1977）
クウェート国際空港（1979）
在サウジアラビア日本国大使館（1985）
OUB センタービル、ナンヤン工科大学（1986）
東京都新庁舎（1991）
新宿パークタワー（1994）
FCG ビル（1996）
BMW イタリア本社ビル、ニース国立東洋美術館（1998）
上海銀行本社ビル（2005）

『建築と都市　デザインおぼえがき』は
1970年９月10日に第１版第１刷が発行されました。
本書は、第１版第８刷（1979年９月10日）をもとに、
著作のオリジナル性を尊重し、復刻しております。

復刻版　建築と都市　デザインおぼえがき

2011年11月30日　第1版発　行
2023年10月10日　第1版 第2刷

著作権者との協定により検印省略

著　者　丹　下　健　三
発行者　下　出　雅　徳
発行所　株式会社　彰　国　社

自然科学書協会会員
工学書協会会員

162-0067　東京都新宿区富久町8-21
電　話　03-3359-3231（大代表）
振替口座　00160-2-173401

Printed in Japan

印刷：壮光舎印刷　製本：誠幸堂

ISBN 978-4-395-01240-4 C 3052　https://www.shokokusha.co.jp